Delphine Charignon

Icatibant: indications actuelles et utilisations potentielles

Delphine Charignon

Icatibant: indications actuelles et utilisations potentielles

Applications dans l'angioedème héréditaire

Presses Académiques Francophones

Impressum / Mentions légales
Bibliografische Information der Deutschen Nationalbibliothek: Die Deutsche Nationalbibliothek verzeichnet diese Publikation in der Deutschen Nationalbibliografie; detaillierte bibliografische Daten sind im Internet über http://dnb.d-nb.de abrufbar.
Alle in diesem Buch genannten Marken und Produktnamen unterliegen warenzeichen-, marken- oder patentrechtlichem Schutz bzw. sind Warenzeichen oder eingetragene Warenzeichen der jeweiligen Inhaber. Die Wiedergabe von Marken, Produktnamen, Gebrauchsnamen, Handelsnamen, Warenbezeichnungen u.s.w. in diesem Werk berechtigt auch ohne besondere Kennzeichnung nicht zu der Annahme, dass solche Namen im Sinne der Warenzeichen- und Markenschutzgesetzgebung als frei zu betrachten wären und daher von jedermann benutzt werden dürften.

Information bibliographique publiée par la Deutsche Nationalbibliothek: La Deutsche Nationalbibliothek inscrit cette publication à la Deutsche Nationalbibliografie; des données bibliographiques détaillées sont disponibles sur internet à l'adresse http://dnb.d-nb.de.
Toutes marques et noms de produits mentionnés dans ce livre demeurent sous la protection des marques, des marques déposées et des brevets, et sont des marques ou des marques déposées de leurs détenteurs respectifs. L'utilisation des marques, noms de produits, noms communs, noms commerciaux, descriptions de produits, etc, même sans qu'ils soient mentionnés de façon particulière dans ce livre ne signifie en aucune façon que ces noms peuvent être utilisés sans restriction à l'égard de la législation pour la protection des marques et des marques déposées et pourraient donc être utilisés par quiconque.

Coverbild / Photo de couverture: www.ingimage.com

Verlag / Editeur:
Presses Académiques Francophones
ist ein Imprint der / est une marque déposée de
OmniScriptum GmbH & Co. KG
Heinrich-Böcking-Str. 6-8, 66121 Saarbrücken, Deutschland / Allemagne
Email: info@presses-academiques.com

Herstellung: siehe letzte Seite /
Impression: voir la dernière page
ISBN: 978-3-8416-3105-3

Zugl. / Agréé par: Thèse d'exercice, grenoble, université Joseph Fourier, 2014

Copyright / Droit d'auteur © 2015 OmniScriptum GmbH & Co. KG
Alle Rechte vorbehalten. / Tous droits réservés. Saarbrücken 2015

Icatibant, Firazyr® :
indications actuelles et utilisations potentielles

Par Mme Delphine CHARIGNON

Remerciements

En premier lieu, je remercie le Professeur Christian Drouet de m'avoir accueillie au sein de l'équipe du GREPI et du laboratoire d'exploration de l'angioedème. Merci pour votre encadrement, vos conseils, votre confiance et l'autonomie que vous m'avez donné.

Je remercie chaleureusement l'intégralité des membres actuels et anciens du GREPI et du laboratoire d'exploration l'angioedème. Un merci particulier à Arije et Federica, « mes collocatrices » pour leurs disponibilités et leurs aides.

Je souhaite exprimer ma reconnaissance envers les Professeurs Ludovic Martin et Peter Spaeth pour leurs collaborations et leurs remarques précieuses.

Au Dr Denise Ponard, merci pour nos échanges et réflexions, vous savez stimuler nos neurones !

Je remercie les coordonnateurs de la filière IPR, le Pr Florence Morfin (coordinateur régional) et le Pr Patrice Faure (coordinateur local) pour leurs encadrements.

Je remercie le Professeur Christophe Ribuot, doyen de la faculté de Pharmacie de Grenoble, pour le soutien qu'il a apporté à la filière IPR.

Sommaire

LISTE DES TABLEAUX 7
LISTE DES FIGURES 8
ABREVIATIONS 9
INTRODUCTION : 11
REVUE GENERALE DE LA LITTERATURE 13

1. LA FORMATION DES KININES ET SON CONTROLE 13
   1.1 Formation de la Bradykinine (BK) et de la Kallidine (KD) 13
       1.1.1 Production de BK ou activation de la phase contact 13
       1.1.2 Production de Kallidine (KD) 15
       1.1.3 Conversion de KD en BK 15
   1.2 Le contrôle de la phase contact 16
2. LE CATABOLISME DE BK ET KD 17
   2.1 Enzyme de Conversion de l'Angiotensine-I (ECA, EC 3.4.15.1) 17
   2.2 Aminopeptidase P (APP, EC 3.4.11.9) 18
   2.3 Carboxypeptidase M (EC 3.4.17.12) et Carboxypeptidase N (EC 3.4.17.3, CPN/M) 18
   2.4 Dipeptidyl-Peptidase IV (DPPIV, EC 3.4.14.5) 19
   2.5 Endopeptidase Neutre ou Néprilysine (NEP, EC 3.4.24.11) 20
3. LES RECEPTEURS B1 ET B2 DES KININES 21
   3.1 Le récepteur B2 (RB2) 21
   3.2 Le récepteur B1 (RB1) 23
4. LES AGONISTES DES RECEPTEURS B1 ET B2 24
5. LES EFFETS PHYSIOPATHOLOGIQUES DES KININES 26
   5.1 Les kinines médiateurs de l'inflammation et de l'immunité 26
   5.2 Les kinines et le système cardiovasculaire 27
       5.2.1 Tension artérielle 27
       5.2.2 Artériosclérose et thrombose 28
       5.2.3 Ischémie-reperfusion 29
       5.2.4 Angiogenèse 30
   5.3 Les kinines et les cellules musculaires lisses 30
   5.4 Les kinines au niveau pulmonaire 31
   5.5 Les kinines et leur rôle rénale 31
   5.6 Le rôle des kinines dans le domaine de la cancérologie [87] 31
   5.7 Les kinines et leurs interconnections avec le métabolisme des lipides et des glucides 32
   5.8 Le système kallicréine-kinine au niveau du système nerveux central (SNC) 33
       5.8.1 Lésions cérébrales 33
       5.8.2 Maladie d'Alzheimer 33
       5.8.3 Douleur 34
   5.9 Les kinines et leurs implications dans l'angioedème (AO) 36

PARTIE I : REVUE BIBLIOGRAPHIE DES ETUDES PRECLINIQUES ET CLINIQUES CONCERNANT L'ICATIBANT COMME ANTAGONISTE DU RECEPTEUR B2 40

1. DEVELOPPEMENT DES ANTAGONISTES DU RECEPTEUR B2 40
   1.1 Première génération 40
   1.2 Deuxième génération 40
   1.3 Antagonistes non peptidiques 42
2. ETUDES PRECLINIQUES ET CLINIQUES DE HOE-140, ICATIBANT, FIRAZYR®....... 44
   2.1 Etudes in vitro 44
      2.1.1 Modèles animaux 44
      2.1.2 Modèles *ex vivo* humains 48
   2.2 Etudes in vivo : modèles animaux 50
   2.3 Etudes cliniques de HOE-140, Icatibant, Firazyr® 55
      2.3.1 Paramètres pharmacodynamiques et pharmacocinétiques 55
      2.3.2 Traitement des crises d'AO 57
      2.3.3 Autres applications 58
3. DISCUSSION 62

PARTIE II : DONNEES EXPERIMENTALES 65

1. MATERIEL ET METHODES 65
   1.1 Modèles cellulaires 65
      1.1.1 Les cellules EA.hy926 65
      1.1.2 Perméabilité de la monocouche endothéliale par le système Transwell® 66
   1.2 Expression des récepteurs B1 et B2 : 67
      1.2.1 Mise en évidence des récepteurs par immunoblot 67
      1.2.1 Mise en évidence des récepteurs par RT-PCR : 68
   1.3 Statistique 69
2. RESULTATS 70
   2.1 Expression des récepteurs B1 et B2 par les cellules EA.hy926 70
      2.1.1 Impact du TNF-α sur l'expression du récepteur B1 par les cellules EA.hy926 : 70
      2.1.2 Expression du récepteur B2 par les cellules EA.hy926 71
   2.2 Evaluation de la perméabilité endothéliale induite par des agonistes et antagonistes de RB1 et RB2 71
      2.2.1 Endothélium à l'état basal 71
      2.2.2 Endothélium sensibilisé par le TNF-α 72
3. DISCUSSION 74

DISCUSSION GENERALE 75

CONCLUSION 77

BIBLIOGRAPHIE 78

ANNEXES 100

Liste des tableaux

Tableau I: Effets relatifs des différents inhibiteurs de la phase contact [17]. 16

Tableau II : Affinités des kinines et de l'icatibant pour les récepteurs B1 et B2. 25

Tableau III : Classification étiologiques des angioedèmes (AO). 37

Tableau IV: Effets de HOE-140 sur la signalisation cellulaire [127]. 45

Tableau V: Effet antagoniste de HOE-140 sur Bradykinine (BK) dans des modèles *in vitro* animaux [123][127][130][131]. 46

Tableau VI : Etudes de la sélectivité de HOE-140 pour le récepteur B2, à partir de modèles utilisant des organes isolés d'animaux [130][131]. 47

Tableau VII : Effets agonistes de HOE-140 dans des modèles *in vitro* animaux [130][131]. 48

Tableau VIII : Effet antagoniste de HOE-140 sur Bradykinine (BK) dans des modèles *in vitro* humains [123][130][132]. 49

Tableau IX : Etudes de la sélectivité de HOE-140 pour le récepteur B2 dans des modèles *in vitro* humains [130][132]. 49

Tableau X : Effets agonistes de HOE-140 dans des modèles *in vitro* humains [130]. 50

Tableau XI : Effet antagoniste de HOE-140 sur Bradykinine (BK) dans des modèles animaux *in vivo* [133][134][135][136]. 51

Tableau XII : Etudes de la sélectivité de HOE-140 pour le récepteur B2 dans des modèles *in vivo* animaux [130][131]. 53

Tableau XIII : Effets agonistes de HOE-140 dans des modèles animaux *in vivo* [131][133][136]. 54

Tableau XIV : Paramètres pharmacocinétiques de l'Icatibant [43]. 56

Tableau XV : Séquences des amorces utilisées pour la réaction d'amplification (PCR) des gènes codants pour les récepteurs B1 et B2 et l'actine. 69

Liste des figures

Figure 1 : Mécanisme de libération de bradykinine (BK). 14
Figure 2 : Séquence peptidique des kinines. 15
Figure 3 : Site d'action des enzymes du catabolisme des kinines. 19
Figure 4 : Catabolisme de bradykinine (BK) et de *des*Arg^9-BK. 20
Figure 5 : Représentation de la séquence peptidique des récepteurs B1 et B2. 23
Figure 6 : Voies de signalisations et transduction des signaux associés à l'activation des récepteurs B1 et B2 [32]. 24
Figure 7 : Avant-bras d'un volontaire sain avant (image à gauche) et après (image à droite) l'administration intra artérielle de bradykinine [43]. 26
Figure 8 : Interconnexions entre le système kallicréine-kinine, la coagulation, le complément et la fibrinolyse [17]. 29
Figure 9 : Schéma de l'implication de bradykinine (BK) dans les tumeurs [88]. 32
Figure 10 : Représentation de l'effet des kinines sur le système nerveux central [98]. 35
Figure 11 : Molécule HOE-140, Icatibant, Firazyr®. 41
Figure 12 : Structure de la molécule WIN 64338. 42
Figure 13 : Modèle de pharmacophore pour les antagonistes du récepteur B2 [121]. 43
Figure 14 : Antagoniste non peptidique de RB2 ayant un motif 1,4 pipérazine : Bradyzide 43
Figure 15 : Applications potentielles des antagonistes des kinines [43]. 64
Figure 16 : Système Transwell®. 66
Figure 17 : Expression du récepteur B1 par Western Blot. 71
Figure 18 : Expression du récepteur B2 par Western Blot. 71
Figure 19 : Perméabilité de l'endothélium : mesure du transfert du traceur par le système Transwell®. 72

Abréviations

α2-AP : α2-antiplasmine,
α2-M : α2-macroglobuline,
AMM : autorisation de mise sur le marché,
Ang-I : angiotensine-I,
Ang-II : angiotensine-II,
AO : angioedème,
AOH: angioedème héréditaire,
APM : aminopeptidase M,
APP : aminopeptidase P,
ATP : adénosine triphosphate,
ATIII : antithrombine III,
BHE: barrière hémato-encéphalique,
BK : bradykinine,
C1Inh : C1 inhibiteur,
Ca: calcium,
CK1 : cytokeratine 1,
CPN/M : carboxypeptidase N/M,
DAG : diacylglycérol,
*des*Arg^9-BK : *des*Arg^9-Bradykinin,
DMEM : Dulbecco's modified eagle's medium ou milieu Eagle modifié de Dulbecco,
DPPIV : dipeptidyl peptidase IV,
EA.hy926 : cellule endothéliale en lignée issue de la fusion des cellules endothéliale primaire (HUVEC) avec des cellules d'adénocarcinome de poumon,
ECA : enzyme de conversion de l'angiotensine-I,
FGF : facteur de croissance des fibroblastes,
FXI : facteur XI,
FXII : factor XII ou facteur de Hageman,
FXIIa : facteur XII activé,
gC1qR : récepteur de la tête globulaire de la protéine C1q du complément,
GPI : glycosylphosphatidylinositol,
HK : kininogène de haut poids moléculaire,
HOE-140 : Firazyr®, icatibant,
HSP90 : protéine du choc thermique
HTA : hypertension artérielle,
HUVEC : cellule endothéliale humaine recouvrant la veine du cordon ombilical,
IEC : inhibiteur de l'enzyme de conversion de l'angiotensine-I,
IP3 : 1,2,5-triphosphate,
I.V.: intraveineux
KD : kallidine,
KK : kallicréine,
K_m : constante de Michaelis,
LK : kininogène de bas poids moléculaire,
NA : neurokinine A,
NB : neurokinine B,

NEP : endopeptidase neutre ou néprilysine

NO : oxyde nitrique,

pKK : prékallicréine,

PG : prostaglandine,

PLA2 : phospholipase A2,

PLC : phospholipase C,

PRCP : prolylcarboxypeptidase,

RB2 : récepteur B2,

RB1 : récepteur B1,

ROS : espèce réactive de l'oxygène,

RNM : résonnance magnétique,

SAB : albumine de sérum bovin,

S.C. : sous-cutané,

SNC : système nerveux central,

Sub P : substance P,

SVF : sérum de veau fœtal,

TBS : tris buffered salin ou tampon tris salin,

tPA : activateur tissulaire du plasminogène,

uPA : activateur du plasminogène de type urokinase,

uPAR : récepteur de l'activateur du plasminogène de type urokinase,

VEGF : facteur de croissance des cellules endothéliales vasculaires.

Introduction :

L'intérêt pour le système kallicréine-kinine est grandissant. L'implication de ce système dans la vasodilatation et la perméabilité vasculaire lui confère un rôle clé dans un bon nombre de pathologie tel que l'hypertension artérielle (HTA), le diabète, la maladie d'Alzheimer.... C'est pourquoi les investisseurs ciblent ce système pour identifier de nouvelles stratégies thérapeutiques. La récente mise sur le marché par le laboratoire Shire de l'icatibant, Firazyr® indiqué dans le traitement des crises d'angioedème en est l'illustration. D'autres inhibiteurs du système kallicréine-kinine sont en cours de développement notamment des inhibiteurs de kallicréine (ecallantide, Kalbitor®).

La démarche des laboratoires pour obtenir l'autorisation de mise sur le marché (AMM) débute avec l'obtention d'une AMM pour médicament orphelin, avec les difficultés associées à cette caractéristique (nombre réduit de patient, difficulté de recrutement pour les essais cliniques...*etc.*) mais bénéficie d'incitation au développement de la part des agences du médicament. Néanmoins compte-tenu de l'implication du système kallicréine-kinine dans des pathologies à forts potentiels, il est raisonnable de penser que les indications de ce médicament pourraient être étendues à d'autres pathologies.

Ce travail a pour but de mettre en parallèle les données acquises sur le système kallicréine-kinine dans le contexte de la pathologie rare de l'angioedème à kinines et de les transposer aux autres situations physiopathologiques où les kinines sont impliquées, pour comprendre les possibles extensions des indications de l'antagoniste du récepteur B2.

Revue générale de la littérature

1. La formation des kinines et son contrôle

Le système kallicréine-kinine a été découvert en 1909 par Abelous et Barbier [1]. Ces deux physiologistes français découvrirent les propriétés hypotensives de l'urine humaine injectée chez le chien. En 1928, Frey et Kraut identifièrent la substance hypotensive responsable et la nommèrent « facteur H » [2]. En 1930, Kraut retrouva de fortes concentrations de cette substance au niveau du pancréas et la rebaptisa kallicréine (du grec *kallikras*, pancréas). En 1949, Rocha e Silva isola et caractérisa cette substance protéique de courte demi-vie [3].

Aujourd'hui le terme kinine regroupe différents peptides ayant des propriétés de vasodilatation et de vasoperméation : Bradykinine (BK), Kallidine (KD) substance P (sub P), Kininogène de haut poids moléculaire (HK) et de bas poids moléculaire (LK), Eledoisin, kassinin, Neurokinine A (NA), Neurokinine B (NB), Physalaemin.

1.1 Formation de la Bradykinine (BK) et de la Kallidine (KD)

BK et KD sont générés *in situ* à partir de leurs précurseurs (HK et LK) sous l'action d'enzymes activées appelées kininogénases.

1.1.1 Production de BK ou activation de la phase contact

BK est un nonapeptide libéré classiquement par le clivage du kininogène de haut poids moléculaire (HK, 120 kDa) sous l'action de la kallicréine plasmatique (KK) issue elle-même de l'activation du proenzyme prékallicréine (pKK, Figure 1) [4]. pKK et HK circulent dans le plasma sous la forme d'un complexe qui peut se fixer à la surface des cellules endothéliales par l'intermédiaire de la cytokératine 1 (CK1), du récepteur gC1qR (récepteur de la tête globulaire de la protéine C1q du complément) ou du récepteur uPAR (récepteur de l'activateur du plasminogène de type urokinase) [5] (Figure 1). La formation de ce complexe augmente l'efficacité catalytique.

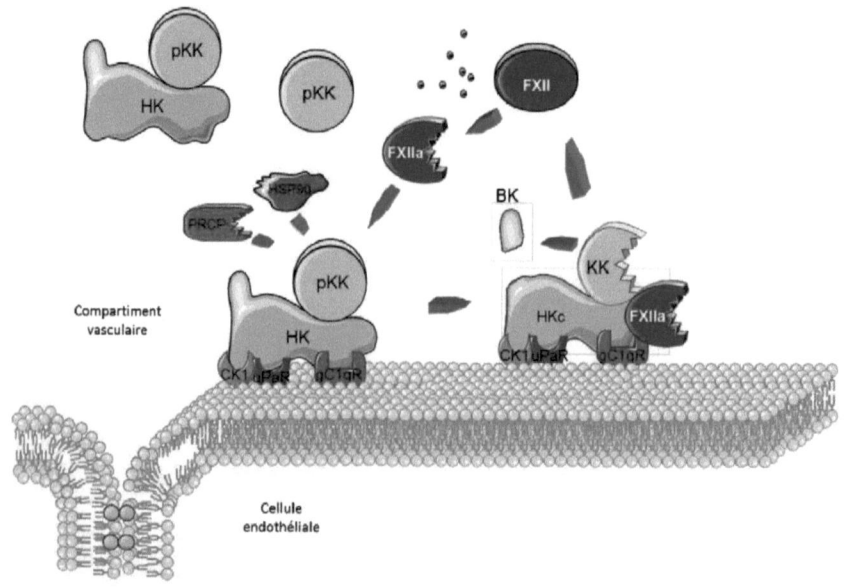

Figure 1 : Mécanisme de libération de bradykinine (BK).

HK : kininogène de haut poids moléculaire ; pKK : prékallicréine ; KK : kallicréine ; FXII : Facteur XII; FXIIa : FXII activé ; - : charge négative ; PRCP : prolylcarboxypeptidase ; HSP90 : protéine du choc thermique ; CK1 : cytokeratine 1 ; gC1qR : récepteur de la tête globulaire de la protéine C1q du complément ; uPAR : Récepteur activateur du plasminogène de type urokinase.

pKK (proenzyme) est activée en KK (forme active) sous l'action du Facteur XII activé (FXIIa) principalement et minoritairement sous l'action d'autres enzymes tels que la prolylcarboxypeptidase (PRCP) [6] ou les protéines de choc thermique comme HSP90 [7]. FXIIa est lui-même issu de l'activation du proenzyme facteur XII (FXII ou facteur de Hageman) [8] selon 2 mécanismes. Le premier mécanisme dépend de l'auto-activation lente du FXII au contact de surfaces chargées négativement, d'où l'origine de l'appellation « phase contact ». Ces surfaces peuvent être d'origine exogène comme le verre, le dextran, des biomatériaux (membranes de dialyse) ou d'origine endogène tel que l'héparine [9], les polyphosphates [10], les cristaux d'acide urique [11]. Le second mécanisme dépend de l'activation du FXII par des enzymes protéolytique comme KK (formation d'une boucle d'amplification) et la plasmine [12].

1.1.2 Production de Kallidine (KD)

KD est le peptide tissulaire homologue de BK, composant plasmatique. Ainsi KD (ou Lys-BK) est un décapeptide (un acide aminé de plus que BK, Figure 2) libéré à partir du kininogène de bas poids moléculaire (LK, 64 kDa). HK et LK sont le résultat de l'expression par épissage alternatif d'un même gène, *KNG1* et diffèrent par la longueur de leurs chaines légères (respectivement 56 et 4 kDa) [13].

LK est clivé par une kallicréine tissulaire hK1, codée par le gène *hKLK1* et sécrétée sous forme de prokallicréine et activée par des enzymes ayant une fonction kallicréine [14].

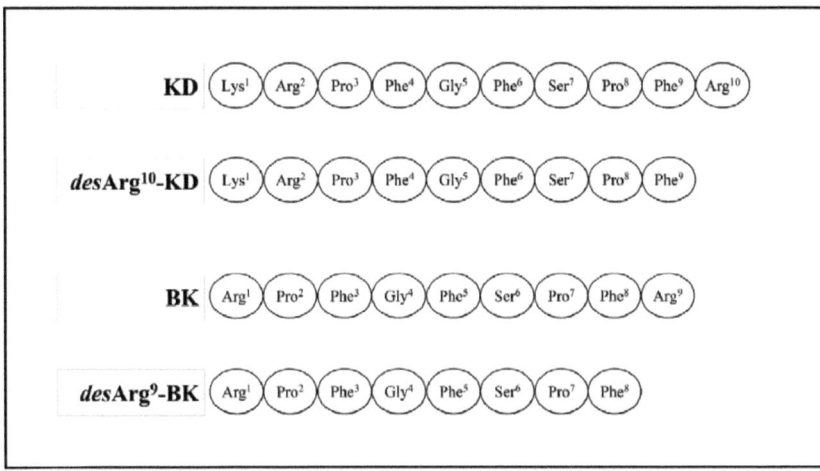

Figure 2 : Séquence peptidique des kinines.
KD (Kallidine) ; BK (Bradykinine).

1.1.3 Conversion de KD en BK

KD peut être converti en BK sous l'action de l'aminopeptidase M (APM). De même, le métabolite actif de KD, *des*Arg^{10}-KD, peut être converti par l'APM, en *des*Arg^9-BK, le métabolite actif de BK [15].

1.2 Le contrôle de la phase contact

Les enzymes formant BK et KD sont sécrétées sous formes de proenzymes, dont les activations et les activités sont contrôlées. FXII, pKK, FXIIa et KK sont sous le contrôle principal de C1 Inhibiteur (C1Inh), un inhibiteur des protéases à Sérine (Serpine) agissant comme un substrat suicide [16]. L'α_2-antiplasmine (α_2-AP) contrôle principalement KK. L'antithrombine III (ATIII) et l'α_2-macroglobuline (α_2-M) sont des contrôles minoritaires de FXIIa et de KK [17] (Tableau I).

	Inhibition relative de Facteur XII activé	Inhibition relative de Kallicréine
C1 Inhibiteur	91,3 %	52 %
l'α_2-antiplasmine	3,0 %	35 %
antithrombine III	1,5 %	8 %
α_2-macroglobuline	4,3 %	1,1 %

Tableau I: Effets relatifs des différents inhibiteurs de la phase contact [17].

Sur le plan tissulaire, hK1 est inhibée principalement par la kallistatin [18] et minoritairement par l'α_1-antitrypsine [19].

2. Le catabolisme de BK et KD

Les kinines BK, KD et leurs métabolites actifs possèdent des demi-vies courtes (27 ± 10 s ; 19,2 s ; 643 ± 436 s et 32 ± 6 s respectivement pour BK [20], KD [21], desArg^9-BK [20], desArg^{10}-KD [22]). La dégradation rapide des kinines constitue un moyen supplémentaire de contrôler leurs actions et permet d'expliquer leurs activités limitées au niveau autocrine ou paracrine.

Les principales enzymes intervenant dans le catabolisme des kinines sont des métalloprotéases à zinc. Ces enzymes sont appelées aussi peptidases car elles sont douées d'une faible spécificité de substrat ; c'est ainsi que leur activité varie (1) selon le substrat peptidique, (2) selon l'espèce considérée, (3) selon le milieu biologique exploré. Les données décrites ci-dessous concernent le plasma humain.

2.1 Enzyme de Conversion de l'Angiotensine-I (ECA, EC 3.4.15.1)

L'ECA est une ecto-enzyme transmembranaire possédant deux isoformes l'une exprimée au niveau des cellules germinales masculines et l'autre somatique exprimée à la surface des cellules endothéliales, épithéliales et immunitaires (macrophages et cellules dendritiques). A partir de l'isoforme membranaire, une forme soluble plasmatique peut être libérée sous l'action d'une enzyme de type sécrétase et le clivage de la partie C-terminale.

L'ECA représente l'enzyme majoritaire pour la dégradation de BK, transformée en BK$_{[1-7]}$, elle est une enzyme secondaire pour le catabolisme de desArg^9-BK, qu'elle transforme en un métabolite inactif, BK$_{[1-5]}$ (Figure 3 et 4). L'ECA dégrade également KD et desArg^{10}-KD en KD$_{[1-6]}$ (Figure 3) [23]. Elle convertit aussi l'Angiotensine-I (Ang-I) en Angiotensine-II (Ang-II), mais la constante de Michaelis (K_m) est en faveur de BK ($K_m = 0,18$ µM pour BK et $K_m = 16$ µM pour l'Ang-I) [24]. C'est en particulier pour cibler la transformation de l'Ang-I en Ang-II que des inhibiteurs puissants de l'ECA (IEC) sont utilisés pour traiter l'HTA.

2.2 Aminopeptidase P (APP, EC 3.4.11.9)

L'APP est exprimée sous deux formes. La première est membranaire, ancrée par un motif glycosylphosphatidylinositol (GPI) à la surface externe des cellules endothéliales, épithéliales et des cellules mononuclées sanguines. Elle est codée par le gène *XPNPEP2* situé sur le chromosome X. Elle peut être clivée au niveau du motif GPI par une phospholipase pour être libérée dans le plasma. La seconde forme est cytoplasmique et codée par le gène *XPNPEP1* situé sur le chromosome 10 [25].

L'APP libère à partir d'un peptide un à trois acides aminés liés à une Proline du côté N terminal [25] (Figure 3). Elle représente la première enzyme du catabolisme de *des*Arg^9-BK (environ 65 %) et la seconde en importance pour celui de BK, qu'elle transforme en métabolites inactifs, respectivement BK$_{[2-8]}$ et BK$_{[2-9]}$ (Figure 4) [26] ; alors qu'elle ne possède aucune action directe sur KD et *des*Arg^{10}-KD [27]. Cette enzyme devient prépondérante pour le catabolisme de *des*Arg^9-BK lorsque l'ECA est inhibée (traitement antihypertenseur IEC par exemple). Des polymorphismes du gène *XPNPEP2* sont associés à une faible activité de l'APP [28] et représentent un facteur de risque pour l'accumulation des kinines et la survenue d'angioedèmes iatrogènes.

2.3 Carboxypeptidase M (EC 3.4.17.12) et Carboxypeptidase N (EC 3.4.17.3, CPN/M)

CPM et CPN possèdent 41 % d'homologie de structure. CPN est un tétramère plasmatique composé de 2 fois 2 sous unités, l'une régulatrice et l'autre catalytique, synthétisées par le foie. Alors que CPM est une enzyme membranaire, ancrée à la surface des cellules souches hématopoïétiques, des monocytes/macrophages, des cellules épithéliales et endothéliales, à l'aide d'un motif GPI.

CPN/M clivent l'acide aminé C-terminal (Arginine ou Lysine) de BK et KD transformant les peptides agonistes du récepteur B2 (BK et KD) en peptides agonistes du récepteur B1 (*des*Arg^9-BK et *des*Arg^{10}-KD, Figure 3 et 4). CPN/M participent également à la dégradation des anaphylatoxines (C3a, C4a et C5a).

CPN/M constituent la voie kininase-I, voie mineure pour le catabolisme de BK d'un point de vue quantitatif lorsque les autres enzymes du catabolisme sont pleinement fonctionnelles mais qui devient importante lorsque les autres enzymes font défaut ou sont inhibées par un médicament, IEC par exemple [20].

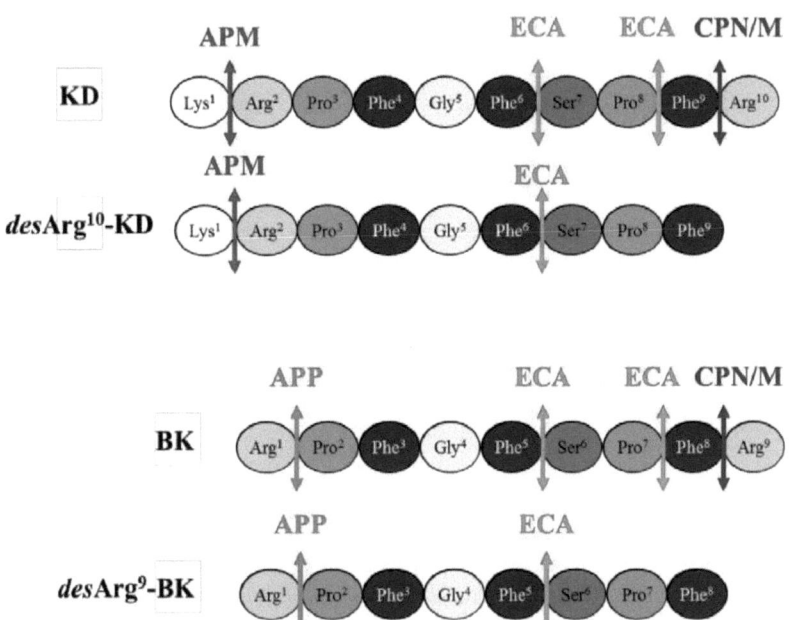

Figure 3 : Site d'action des enzymes du catabolisme des kinines.
APM : Aminopeptidase M ; APP : Aminopeptidase P ; BK : Bradykinine ; CPN/M : Carboxypeptidase N/M ; desArg^9-BK : desArg^9-Bradykinine ; desArg^{10}-KD : desArg^{10}-Kallidine ; ECA : Enzyme de Conversion de l'Angiotensine-I ; KD : Kallidine.

2.4 Dipeptidyl-Peptidase IV (DPPIV, EC 3.4.14.5)

Cette enzyme est impliquée de façon secondaire dans le catabolisme des kinines par son implication dans la dégradation des métabolites inactifs: $BK_{[2-8]}$ et $BK_{[2-9]}$ (Figure 4).

Elle est également en charge du catabolisme des incrétines. C'est dans ce cadre que ses inhibiteurs ont été développés, représentant une nouvelle classe d'antidiabétiques oraux, appelés gliptine.

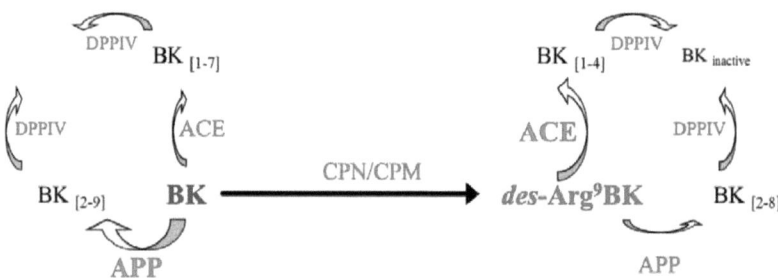

Figure 4 : Catabolisme de bradykinine (BK) et de des Arg⁹-BK.

ECA : Enzyme de conversion de l'angiotensine-I ; CPN/CPM : Carboxypeptidase N/M ; APP : Aminopeptidase P ; DPPIV : Dipeptidyl peptidase IV.

2.5 Endopeptidase Neutre ou Néprilysine (NEP, EC 3.4.24.11)

NEP est une ecto-enzyme transmembranaire qui inactive BK et KD de la même façon que l'ECA mais dont l'effet au niveau plasmatique est négligeable en comparaison de l'efficacité de l'ECA. A l'inverse au niveau rénal, où son expression est forte, son rôle devient prépondérant.

3. Les récepteurs B1 et B2 des kinines

Les kinines exercent leurs effets *via* deux récepteurs à 7 domaines transmembranaires couplés à une protéine G, les récepteurs B1 (RB1) et B2 (RB2, Figure 5).

Les gènes *BDKBR1* et *BDKBR2*, codant respectivement pour RB1 et RB2, sont portés en tandem par le chromosome 14 et possèdent une forte homologie (> 40 %, Figure 5).

Ces récepteurs sont exprimés à la surface des mêmes cellules, incluant les cellules endothéliales et épithéliales, les cellules musculaires lisses, les fibroblastes, les neurones, les cellules tumorales et les cellules mononuclées sanguines [29].

3.1 Le récepteur B2 (RB2)

RB2 est exprimé constitutivement à la surface des cellules où il est capable de former des oligomères. Lorsque les récepteurs s'associent entre eux, la fixation d'une molécule d'agoniste sur l'une des sous-unités diminue l'affinité des autres sous-unités pour cet agoniste selon le principe de la coopération (ou de l'allostérie) négative [30].

La protéine G de RB2 peut être couplée à différentes sous-unités alpha (α_q, α_i, α_s, $\alpha_{12/13}$) selon les cellules, ce qui conduit à des mécanismes de signalisation différents. La fixation de l'agoniste sur RB2 entraine principalement l'activation de la phospholipase C et la mobilisation du calcium (Ca) permettant l'activation de la protéine kinase C et de la phospholipase A_2. Les conséquences en sont la production de médiateurs vasodilatateurs comme l'oxyde nitrique (NO), les prostaglandines (PG) et les prostacyclines, la libération de médiateurs tel que l'activateur tissulaire du plasminogène (tPA) au niveau endothéliale ou le glutamate dans les neurones, l'activation de facteurs de croissance (facteur de croissance épidermique), la translocation de facteurs de transcription (NF-κB), l'expression de molécules d'adhésion (paxilline), la réorganisation de la membrane cytoplasmique et des filaments d'actines (Figure 6). En résumé l'activation de RB2 participe à la vasodilatation, la synthèse de cytokines ainsi qu'à la prolifération, l'adhésion et la migration cellulaire.

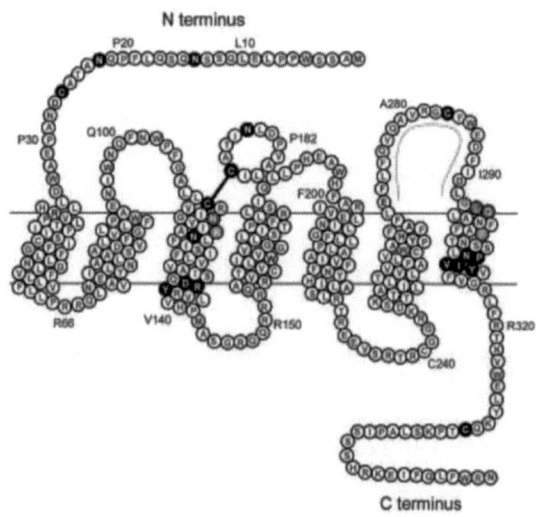

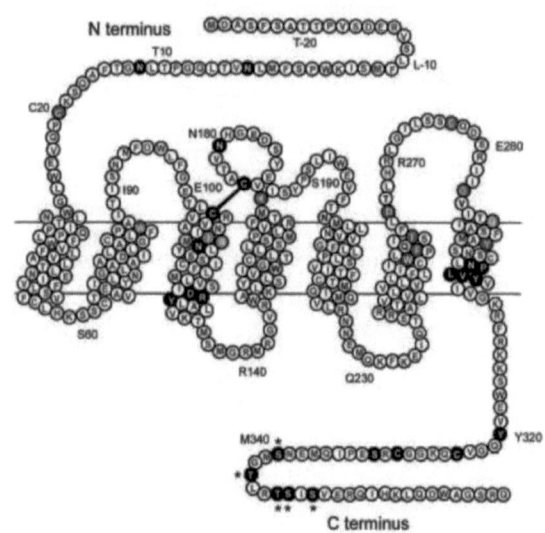

Figure 5 : Représentation de la séquence peptidique des récepteurs B1 et B2.
Sont signalées en rouge les zones impliquées dans la reconnaissance des agonistes, en bleu celles pour les antagonistes et en orange celles impliquées dans la reconnaissance des agonistes et des antagonistes. Les étoiles indiquent les acides aminés susceptibles d'être phosphorylées et impliquées dans la désensibilisation du récepteur B2 [29].

Une fois activé, RB2 est rapidement désensibilisé par la phosphorylation de résidus Sérine et Thréonine portée sur le domaine C-terminal [30]. L'internalisation du récepteur fait intervenir le recrutement de la β-arrestine, la mobilisation de la protéine dynamine et la polymérisation des clathrines [31].

3.2 Le récepteur B1 (RB1)

Contrairement à RB2, l'expression de RB1 à la surface cellulaire n'est pas constitutive mais induite dans des situations pro-inflammatoires telles que l'ischémie, les infections bactériennes, le diabète, la consommation de tabac, en lien avec la production de cytokines comme IL-1β, TNF-α, IFNγ et l'activation du facteur de transcription NF-κB [29]. RB1 est également capable de former des oligomères dont la formation semble être nécessaire à la migration de la protéine depuis le réticulum endoplasmique vers la membrane cytoplasmique.

La protéine G de RB1 est couplée aux sous unités $α_q$, $α_i$. L'activation de RB1 conduit comme celle de RB2 à la mobilisation du Ca, la synthèse de NO (*via* la NO synthétase inductible), de PG et de prostacycline et à l'activation de la prolifération cellulaire (Figure 6).

Malgré leur grande homologie RB1 et RB2 possèdent des propriétés de phosphorylation différentes. Pour conséquence RB1 ne subit pas de désensibilisation lors de la fixation des agonistes. La demi-vie prolongée des agonistes de RB1, l'absence de désensibilisation du récepteur et la stimulation de la NO synthétase inductible confèrent au RB1 un effet vasodilatateur supérieur à celui de RB2.

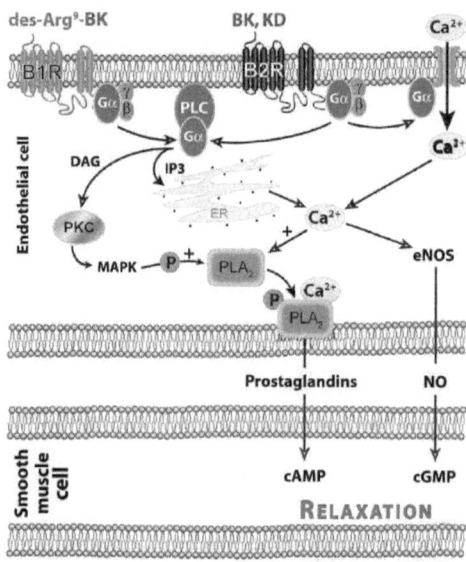

Figure 6 : Voies de signalisations et transduction des signaux associés à l'activation des récepteurs B1 et B2 [32].

4. Les agonistes des récepteurs B1 et B2

BK et KD sont les agonistes naturels de RB2, pour lequel ils possèdent de fortes affinités (Tableau II) [33]. Le clivage des résidus Arginine C-terminaux sur KD et BK (Figure 3) diminue considérablement l'affinité des produits desArg^{10}-KD et desArg^{9}-BK pour RB2 et augmente fortement l'affinité de ces métabolites pour RB1 (Tableau II) [34].

Des agonistes peptidiques synthétiques de RB2 ont été développés, comme [Hyp^3, Thi^5, Cha^8]-BK [35] et [Hyp^3, Thi^5, 4-Me-Tyr^8 Ψ(CH$_2$-NH)Arg^9]-BK. Ces molécules possèdent une affinité *in vitro* équivalente ou supérieure à BK. Leurs demi-vies prolongées leurs confèrent un certain potentiel thérapeutique [36].

Quelques agonistes synthétiques de RB1 ont été développés tel que Sar-[D-Phe^8]desArg^9-BK (IC$_{50}$= 60 nM) [29] mais leurs utilisations semblent être extrêmement limitées.

	Constantes d'affinités (K$_I$) des kinines pour les récepteurs B1 et B2 (nM)	
	Récepteur B1 [34]	Récepteur B2 [33]
BK	> 10 000	0,54
KD	2,54	0,63
*des*Arg^9-BK	1 930	8 100
*des*Arg^{10}-KD	0,12	> 30 000
HOE-140 ou Icatibant	437	0,41

Tableau II : Affinités des kinines et de l'icatibant pour les récepteurs B1 et B2.

Les valeurs des constantes d'affinités sont déterminées par la méthode de compétition ([^{3}H]Lys-desArg^9-BK 0,1 à 5 nM pour le récepteur B1 et [^{3}H]BK 100 pM pour le récepteur B2).

5. Les effets physiopathologiques des kinines

Les récepteurs B1 et B2 sont impliqués dans les phénomènes de vasodilatation, de perméabilité vasculaire et de la douleur misent en jeu dans de nombreuses situations.

5.1 Les kinines médiateurs de l'inflammation et de l'immunité

Les kinines participent au processus de l'inflammatoire. L'injection de BK conduit aux 4 signes cardinaux de l'inflammation. La rougeur et la chaleur conséquences de la vasodilatation (Figure 7). L'œdème suite à l'extravasion du plasma du compartiment vasculaire vers le compartiment tissulaire [37]. Et la douleur par deux mécanismes distincts, l'un de compression lié à l'œdème, l'autre part action direct sur les fibres nerveuses en synergie avec la substance P (sub P) [38] (Figure 10). Ces données sont illustrées par l'augmentation des concentrations de BK et KD au cours de pathologies inflammatoires telles que l'arthrite rhumatoïde [39], l'ostéo-arthrite [40], la cirrhose [41] ou la pancréatite [42].

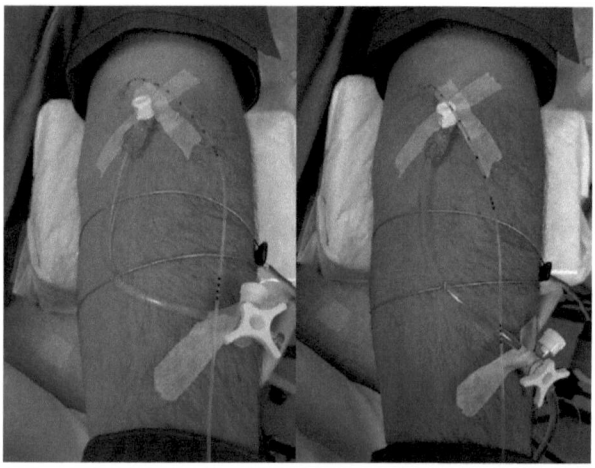

Figure 7 : Avant-bras d'un volontaire sain avant (image à gauche) et après (image à droite) l'administration intra artérielle de bradykinine [43].

Les cellules de l'immunité innée comme les mastocytes et des basophiles, lors de leurs dégranulations, libèrent des polysaccharides sulfatés comme l'héparine [44] ou des protéases telle que la tryptase, capables d'induire le clivage de HK et de produire des kinines [45]. Et réciproquement les analogues de BK sont capables d'activer les mastocytes et d'induire leur dégranulation, ce qui peut constituer une boucle d'amplification locale pour la production des kinines [46].

Les kinines participent également au recrutement des leucocytes [47], à leurs activations [48] et à la synthèse des cytokines et des médiateurs lipidiques [49]. Par conséquent les kinines sont des médiateurs importants de l'immunité innée mais possèdent également un rôle dans la mise en place et le maintien de l'immunité acquise.

5.2 Les kinines et le système cardiovasculaire

L'endothélium vasculaire représente un lieu de production et un site d'action privilégié des kinines plasmatiques BK et desArg^9-BK.

5.2.1 Tension artérielle

En 1934, l'implication des kinines dans l'HTA était déjà décrite. Dans les années 70, des études épidémiologiques rapportaient une relation inverse entre le niveau de KK urinaire et la pression artérielle chez des patients souffrant HTA [50]. Plus tard, l'infusion de BK démontrera ses effets antihypertenseurs (vasodilatation et augmentation locale du flux sanguin) [51] qui lui confèrent un rôle protecteur vis-à-vis des organes sensibles à l'HTA tels que le cœur (diminution de l'hypertrophie et de la fibrose cardiaque, atténuation de l'épaississement de la paroi artérielle [52]) ou les reins (diminution de la fibrose rénale [51]). BK inhibe également la prolifération des cellules musculaires lisses recouvrant la paroi vasculaire protégeant ainsi l'intégrité du vaisseau sanguin de façon indépendante à l'effet vasopresseur [53].

Les médicaments antihypertenseurs, IEC et sartan, ont été initialement identifiés pour inhiber les effets de l'Ang-II. Progressivement, il a été démontré que les bénéfices apportés par ces médicaments étaient portés par l'action des kinines [54][55], démontrant ainsi l'importance des kinines dans le contrôle de la pression artérielle.

5.2.2 Artériosclérose et thrombose

L'interconnexion du système kallicréine-kinine avec le système de l'hémostase est complexe.

Le système kallicréine-kinine est impliqué dans l'agrégation des plaquettaires par deux phénomènes. D'une part la kininoformation, par l'intermédiaire de FXII, peut être activée par les polyphosphates libérés lors de l'activation des thrombocytes [56]. D'autre part HK possède des propriétés anti-agrégantes car il inhibe la fixation de la thrombine sur les plaquettes [57].

La nature du lien reliant l'activation de FXII et celle de la voie intrinsèque de la coagulation est soumise à discussion. Historiquement, il est reconnu que FXIIa est l'activateur du facteur XI (FXI) de la coagulation [58]. Néanmoins les individus présentant un déficit pour FXII [59], HK [60] ou pKK [61] ne développent pas de phénotype hémorragique, suggérant que ces protéines ne sont pas indispensables à l'hémostase. De plus il a été montré que l'activation du FXI et de la voie intrinsèque de la coagulation peut être indépendante de FXIIa [58]. L'action du FXIIa devient alors non nécessaire pour l'hémostase mais prépondérante pour la stabilité du thrombus [62].

Le système kallicréine-kinine est également en lien avec la fibrinolyse, (1) par l'activation du plasminogène par FXII [63] et KK [64] et (2) car l'infusion de BK stimule la libération de tPA [65] (Figure 8).

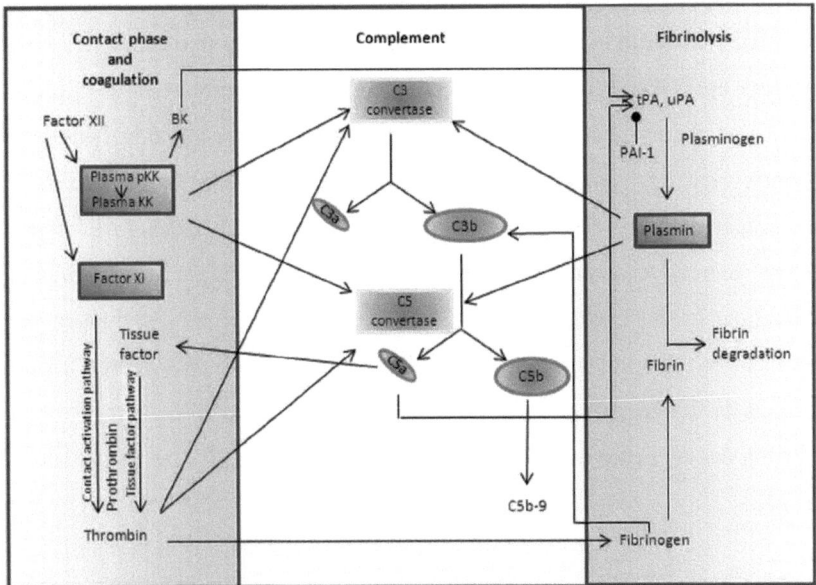

Figure 8 : Interconnexions entre le système kallicréine-kinine, la coagulation, le complément et la fibrinolyse [17].

5.2.3 Ischémie-reperfusion

Le système kallicréine-kinine développe toute son ambivalence dans les phénomènes d'ischémie-reperfusion.

En effet, BK *via* RB2 développe, dans divers modèles *in vitro*, un effet protecteur alors que l'activation du RB1 abolit la totalité des effets bénéfiques de BK [66][67]. L'effet de RB1 ne doit pas être négligé dans l'ischémie-reperfusion car, *in vivo*, ces situations sont apparentées à un processus pro-inflammatoire ayant pour conséquence l'induction de l'expression de RB1 [68].

In vivo, les effets des kinines sont, selon les organes, moins évidents. Au niveau cardiaque les agonistes de RB2 semblent avoir un effet cardio-protecteur, indépendant de la vasodilatation, conséquence d'une réduction de la fibrose et d'une amélioration de l'utilisation du glucose [69] alors que les agonistes de RB1 semblent avoir un effet néfaste [70]. Les études sont plus contradictoires dans d'autres organes. Par exemple, dans des modèles d'ischémies cérébrales chez le rat, l'injection de BK deux jours après l'ischémie-reperfusion permet un effet protecteur [71] alors que l'administration immédiate d'un antagoniste de RB2 apporte le même bénéfice [72]. La controverse est équivalente dans des modèles d'ischémie rénale [73] ou mésentérique [74] chez le rat. Néanmoins, l'étude des médicaments IEC démontre, que chez l'humain les kinines ont un effet bénéfique au préalable à l'ischémie [75].

Les divergences observées mettent en évidence les paramètres déterminant pour la compréhension du système kallicréine-kinine qui sont (1) le délai entre l'apport des kinines et la lésion, (2) le niveau d'expression de RB1 [76], (3) le degré de conversion des agonistes de RB2 en agonistes de RB1 [66], (4) l'organe cible et (5) la dose [77].

5.2.4 Angiogenèse

Les kinines favorisent la formation des vaisseaux sanguins. En effets, les agonistes de RB1 augmentent la synthèse du facteur de croissance des fibroblastes (FGF-β) [78] et les agonistes de RB2 induisent la libération du facteur de croissance des cellules endothéliales vasculaires (VEGF) [79].

HKa (issu du clivage de HK) quant à lui, interrompt l'interaction entre l'activateur du plasminogène de type urokinase (uPA) et son récepteur uPAR, ayant pour conséquence un effet inhibiteur de l'angiogenèse [80].

Néanmoins, l'activation du système kallicréine-kinine semble être en faveur de l'angiogenèse et la formation de nouveaux vaisseaux.

5.3 Les kinines et les cellules musculaires lisses

BK induit la contraction des cellules musculaires lisses, cet effet pouvant s'exercer à tous les niveaux et induisant entre autre la motilité intestinale, la bronchoconstriction, la contraction utérine.

5.4 Les kinines au niveau pulmonaire

Au niveau pulmonaire, BK et KD sont produits de façon immédiate après un challenge antigénique [81]. BK induit la contraction des cellules musculaires lisses, la synthèse de la chimiokine IL-8 et une augmentation de la sécrétion du mucus [82] et l'activation du RB1 stimule la synthèse du collagène par les fibroblastes. Ces propriétés confèrent un rôle pathogénique aux kinines dans l'inflammation des voies aériennes et en particulier au cours de l'asthme.

5.5 Les kinines et leur rôle rénale

Les études chez l'animal ont montré la sensibilité directe du rein vis-à-vis du système kallicréine-kinine avec un effet bénéfique de BK sur la néphropathie diabétique et la fibrose rénale [77]. Ces données expérimentales sont confortées par des données observées chez l'homme, par exemple, plusieurs polymorphismes des gènes liés au système kallicréine-kinine (*ACE* [83], *BDKBR2* [84]) ont été identifiés comme facteurs de risques pour des pathologies rénales.

D'autre part les kinines semblent être impliquées dans le contrôle de l'excrétion rénale de l'eau et des électrolytes, effet contribuant au contrôle du volume plasmatique et au maintien de la pression artérielle [85]. L'activation du système kallicréine kinine aboutissant à une augmentation de la natriurèse et de la diurèse [86].

5.6 Le rôle des kinines dans le domaine de la cancérologie [87]

Une des caractéristiques communes aux tumeurs solides est la réaction inflammatoire associée à la tumeur. BK étant un médiateur de l'inflammation, de la vasoperméabilité et un facteur de croissance, il n'est pas surprenant qu'il soit impliqué dans les phénomènes de croissance et de migration des tumeurs (Figure 9).

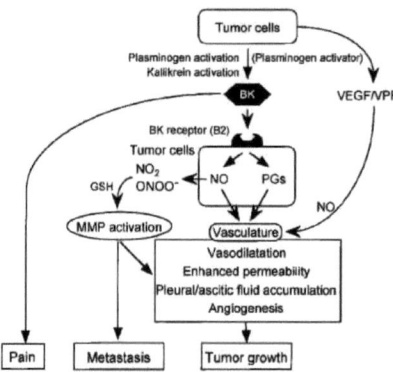

Figure 9 : Schéma de l'implication de bradykinine (BK) dans les tumeurs [88].

La plupart des cellules cancéreuses sont capables de produire des protéases à Sérine pouvant libérer BK et KD [89] et d'exprimer à leur surface RB1 et RB2 [88][90]. Par conséquent les tumeurs peuvent être autonomes vis-à-vis du système kallicréine-kinine, ce qui leur permet d'augmenter l'afflux sanguin assurant les apports en oxygène et nutriments nécessaires à leur survie et participant à la formation des métastases (activation des métalloprotéases et des molécules d'adhésion intercellulaire) [79].

5.7 Les kinines et leurs interconnections avec le métabolisme des lipides et des glucides

Les kinines sont impliquées dans le processus métabolique. En effet, sur les cellules adipocytaires BK est capable de potentialiser l'effet de l'insuline et d'augmenter l'assimilation du glucose par les cellules [91] ayant pour conséquence un rétrocontrôle négatif sur la sécrétion d'insuline. Ces données sont cohérentes avec l'amélioration des effets de l'insuline associées à la prise des médicaments IEC [92] et les concentrations BK augmentées en cas de diabète [93].

Les kinines sont également impliquées dans le métabolisme des lipides avec un rôle dans les phénomènes pro-inflammatoire et les désordres métaboliques associés à l'obésité [94][95].

5.8 Le système kallicréine-kinine au niveau du système nerveux central (SNC)

Tous les constituants du système kallicréine-kinine (plasmatique et tissulaire) sont abondamment présents au niveau du SNC (Figure 10). L'administration de BK au niveau du SNC entraine une excitation initiale puis une sédation [96] et une désynchronisation de l'électroencéphalogramme [97].

5.8.1 Lésions cérébrales

Les lésions cérébrales, regroupant les lésions cérébrales post traumatique, les lésions de la moelle épinière et de la barrière hémato-encéphalique (BHE), conduisent à l'activation de la phase contact et à l'induction de l'expression de RB1. L'action de BK au niveau du SNC conduit à la rupture de la BHE, à l'extravasion du plasma vers les tissus et à la formation d'un œdème d'une part et d'autre part à la libération de neuromédiateurs comme le glutamate [98].

5.8.2 Maladie d'Alzheimer

La maladie d'Alzheimer est identifiée pour être une maladie neuro inflammatoire. Les plaques amyloïdes caractéristiques de cette pathologie sont capables, *in vitro*, d'activer les proenzymes de la kininoformation et de conduire au clivage de HK [99]. De plus *ex vivo* l'activité de KK est retrouvée augmentée dans le cortex des patients atteints par la maladie [100]. Ces données indiquent que le système kallicréine-kinine pourrait être un candidat pour l'identification de bio-marqueurs de la maladie et/ou une source de nouvelles cibles thérapeutiques [100].

5.8.3 Douleur

Les kinines au niveau du SNC sont également impliquées dans l'émergence et la signalisation du message douloureux. Dans un tissu à l'état basal, représentant la phase aigüe de la douleur, c'est l'action de BK sur RB2 qui est mise en jeu dans l'émergence du signal [101]. Sur ce tissu non sensibilisé, l'injection de *des*Arg^9-BK, agoniste de RB1, n'est pas capable d'induire un message douloureux [102]. A l'inverse, dans un tissu sensibilisé par un stimulus pro-inflammatoire (phase tardive de la douleur ou sensibilisation par *Mycobacterium bovis bacillus*) c'est l'action de *des*Arg^9-BK sur le RB1 qui devient prépondérante [103]. L'action des kinines sur les fibres nerveuses peut être directe [104] mais également indirecte car les kinines sont capables de sensibiliser les neurones à l'action d'autres stimulus et d'induire la libération d'autres nocicepteurs [105].

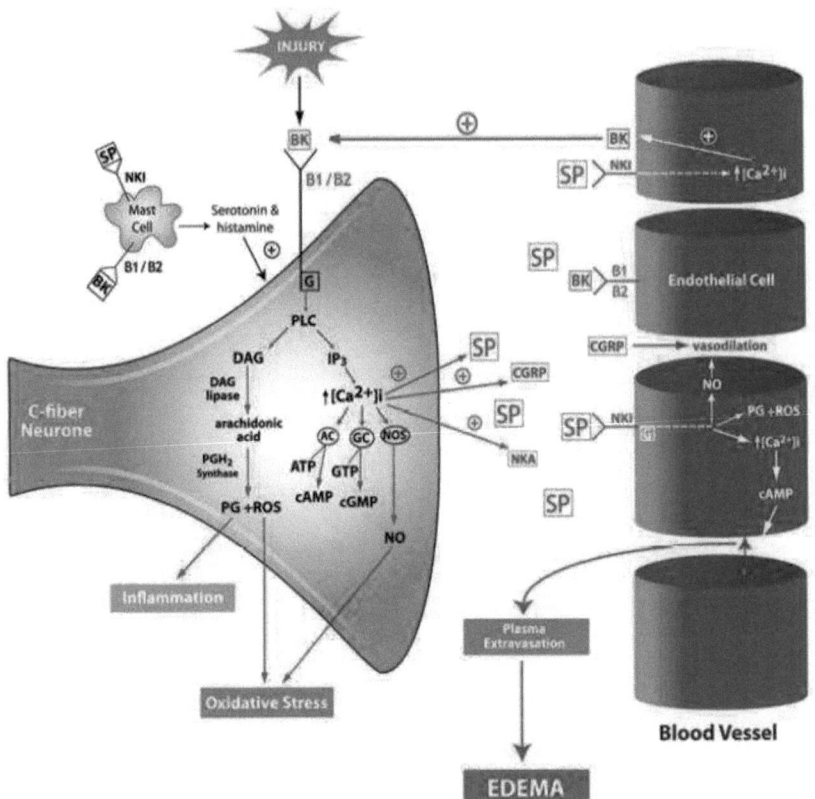

Figure 10 : Représentation de l'effet des kinines sur le système nerveux central [98].

BK : bradykinine; SP : substance P; NKA : neurokinine A; NK1 : récepteur de tachykinine-1; B1 : récepteur B1; B2 : récepteur B2; G : protéine G; PLC : phospholipase C; DAG : diacylglycérol; IP3 : 1,2,5-triphosphate; $[Ca^{2+}]_i$: calcium intracellulaire; PLA2 : phospholipase A2; PG : prostaglandine; ROS : espèce réactive de l'oxygène; ATP : adénosine triphosphate; cAMP : adénosine monophosphate cyclique; cGMP : guanosine monophosphate cyclique; AC : adenylate cyclase; GC : guanylate cyclase; NO : oxyde nitrique, NOS : NO synthétase.

5.9 Les kinines et leurs implications dans l'angioedème (AO)

L'AO à kinines est caractérisé par l'accumulation des kinines sur l'endothélium vasculaire conduisant à la formation d'œdèmes sous-cutanés ou sous-muqueux [106]. Ces AO sont classiquement décrits comme blancs, non prurigineux et sans urticaire (par opposition aux AO histaminiques qui sont accompagnés d'urticaire et de prurit). Ils surviennent sous forme de crises spontanées et récurrentes. Ils affectent préférentiellement la face, la sphère ORL et les extrémités, où ils sont déformants et disgracieux, les tissus sous-muqueux du système digestif, où ils entrainent des douleurs violentes, et le larynx, présentant alors un risque d'asphyxie.

Différentes étiologies, héréditaires (AOH) ou acquises, avec ou sans déficit pour C1Inh, peuvent être à l'origine des AO (Tableau III) [107].

				OMIM	Gène
AO avec déficit pour C1Inh	Héréditaire [108]	Type I	Défaut quantitatif pour C1Inh	106100	SERPING1 nombreuses mutations décrites
		Type II	Défaut qualitatif pour C1Inh	606860	
	Acquis [109]	Maladie lympho-proliférative	Consommation de C1Inh		aucune
		Anticorps anti C1 inhibiteur			
AO avec fonction normale de C1Inh	Héréditaire	Surproduction des kinines		610619	F12 mutation 983C>A [31]
				610618	Non identifiée
		Défaut du catabolisme des kinines	Aminopeptidase P	212070	XPNPEP2 [110]
			Carboxypeptidase N	603103	CPN1 [111]
	Acquis ou iatrogène	Médicament de la classe des IEC [112], sartan [113] et gliptine [114]		106180	XPNPEP2 [115]

Tableau III : Classification étiologiques des angioedèmes (AO).

C1 inhibiteur (C1Inh) ; Inhibiteur de l'Enzyme de Conversion de l'Angiotensine-I (IEC).

Les schémas thérapeutiques des AO reposent sur le traitement prophylactique et le traitement de crises. Actuellement le traitement prophylactique à long terme des AO repose sur l'utilisation (en dehors de l'autorisation de mise sur le marché appelée AMM), des traitements anti fibrinolytiques (tel que l'acide tranexamique, Exacyl®). Ces médicaments se fixent au plasminogène et inhibent l'action amplificatrice de la plasmine sur la kininoformation [116]. L'application prophylactique des concentrés de C1Inh est limitée du fait de la difficulté de l'administration intraveineuse (I.V.), cette thérapeutique est préférentiellement utilisée en traitement des crises [117].

Récemment de nouvelles approches thérapeutiques ont été développées pour répondre aux besoins d'un traitement efficace en situation d'urgence avec auto-administration, notamment un antagoniste du récepteur B2 : Icatibant, Firazyr®. Ce nouveau médicament dispose de l'AMM depuis 2008 pour le traitement des crises aigues d'AOH avec déficit pour C1Inh de l'adulte.

Les kinines sont impliquées dans la physiologie de nombreux organes et la physiopathologie de différentes maladies. Des essais cliniques et précliniques tentent de démontrer l'intérêt de l'utilisation des antagonistes de RB2. Ce travail propose d'établir le lien entre la bibliographie existante, les connaissances acquises à partir de la maladie de l'AOH et le modèle de perméabilité endothéliale développé au laboratoire avec la pharmacologie du récepteur B2 afin d'envisager les futures applications de ces médicaments antagonistes de RB2.

Partie I : Revue bibliographie des études précliniques et cliniques concernant l'Icatibant comme antagoniste du récepteur B2

Le développement des antagonistes des récepteurs B1 et B2 débute dans les années 1970 [118]. La découverte d'antagonistes sélectifs a été un élément déterminant pour démontrer l'existence de récepteurs distincts, identifiés B1 et B2, et comprendre l'implication respective des kinines BK et desArg^9-BK dans la physiopathologie de différentes maladies.

1. Développement des antagonistes du récepteur B2

1.1 Première génération

Les premiers antagonistes de RB2 ont été obtenus par modification de la séquence de BK. La substitution de la Proline en position 7 par un résidu D-Phe modifie l'orientation des résidus Phe^8-Arg^9 C-terminaux et permet d'obtenir [D-Phe^7]BK un agoniste partiel de RB2 [119]. L'ajout d'un résidu D-Arg en N-terminal et le remplacement du résidu Proline en position 3 par une Hydroxyproline permet d'augmenter l'effet antagoniste du peptide vis-à-vis du ligan naturel. Le remplacement d'un résidu aromatique Phénylalanine aux positions 5 et 8 par un acide aminé non naturel (Thiénylalanine), aux propriétés aromatiques supérieures, apporte une résistance vis-à-vis des enzymes du catabolisme. Néanmoins ces peptides manquent de sélectivité car CPN/M les convertissent en métabolites desArg interagissant avec RB1.

1.2 Deuxième génération

La sélectivité et l'affinité pour RB2 ont été améliorées par l'insertion de résidus aux propriétés hydrophobes supérieures, D-Tic en position 7 et Oic en position 8. Ce dernier confère également une résistance à l'action de CPN/M.

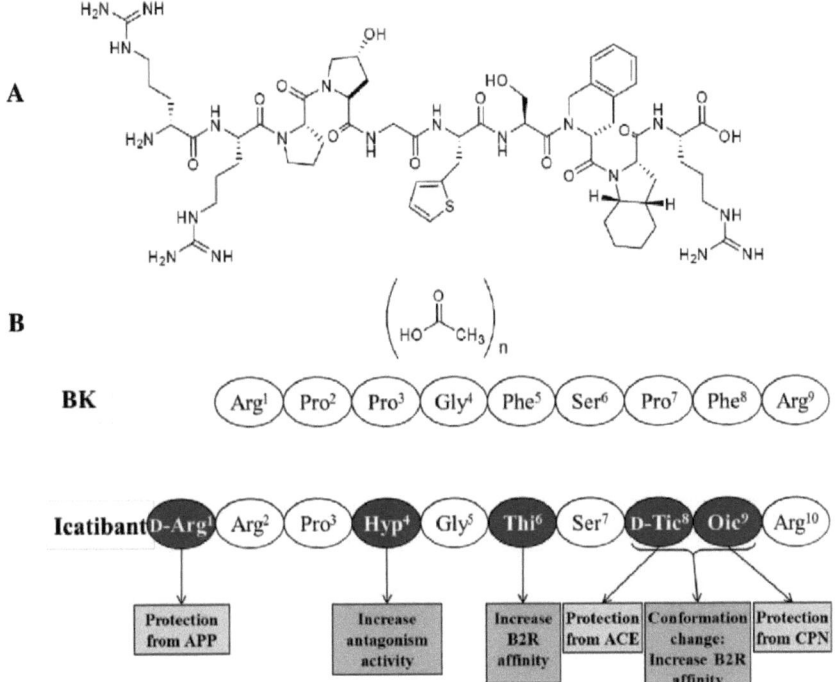

Figure 11 : Molécule HOE-140, Icatibant, Firazyr®.

A : Structure de la molécule.
B : Comparaison entre la séquence de l'icatibant et celle de Bradykinine (BK).

Le résidu Arginine en position N terminal est nécessaire au maintien de l'affinité pour RB2 mais confère une susceptibilité à la dégradation par l'APP. Il a donc été modifié par l'isomère D-Arg apportant la résistance à l'APP et par conséquent l'augmentation de la demi-vie tout en conservant l'affinité pour RB2. L'évolution des antagonistes de seconde génération a abouti au développement du peptide initialement nommé HOE-140 par la société Hoechst® puis commercialisé sous la dénomination commune internationale d'Icatibant et de nom commercial Firazyr® par la société Shire® (Figure 11). Ce peptide présente une sélectivité et une haute affinité pour RB2 (Tableau II).

1.3 Antagonistes non peptidiques

Afin de surmonter les difficultés liées à l'administration des peptides susceptibles aux métabolismes naturels et à leurs faibles biodisponibilités, des antagonistes non peptidiques ont été développés. Des études structurales par résonance magnétique (RMN) et de dynamique moléculaire ont pu déterminer que les antagonistes de RB2 devaient comporter deux charges positives séparées par une région hydrophobe rigide mesurant 10 Å. Ces études ont abouti au développement de la molécule WIN 64338 [120] (Figure 12), sélective de RB2 relativement à RB1 mais non spécifique des récepteurs aux kinines car elle se fixe également sur les récepteurs muscariniques.

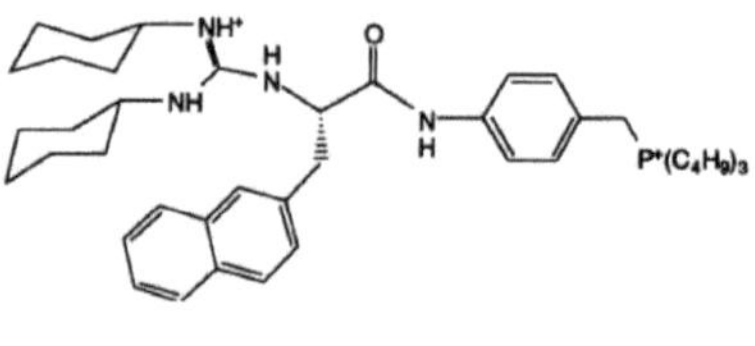

Figure 12 : Structure de la molécule WIN 64338.

A partir du pharmacophore représenté Figure 13 [121], les modifications aboutirent aux molécules FR 167344 et FR 173657 dont l'efficacité par voie orale a été montrée chez l'animal [122].

Bien que la séquence peptidique de RB2 présente une forte homologie entre les espèces, plusieurs antagonistes comme WIN 64338 et FR 173657 présentent des affinités 10 fois plus faibles pour les récepteurs humains que pour les récepteurs animaux [123]. C'est pourquoi d'autres molécules ont été dérivées à partir de la structure quinoléine de FR 173657, notamment la molécule LF 16.0335 [124] et l'anatibant [125].

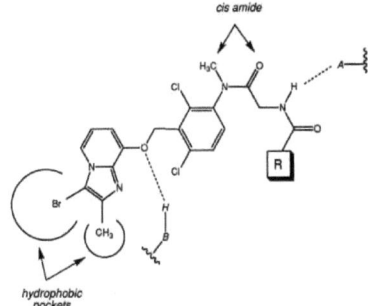

Figure 13 : Modèle de pharmacophore pour les antagonistes du récepteur B2 [121].

Et enfin d'autres molécules antagonistes non peptidiques ont été développées à partir d'un motif cyclique le 1,4 pipérazine (Figure 14) conduisant à la molécule Bradyzide [126].

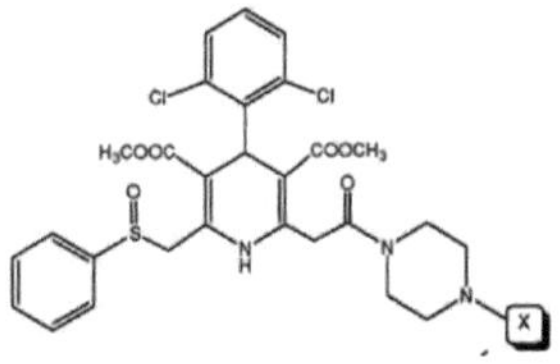

Figure 14 : Antagoniste non peptidique de RB2 ayant un motif 1,4 pipérazine : Bradyzide

2. Etudes précliniques et cliniques de HOE-140, Icatibant, Firazyr®

Bien que de nombreuses molécules antagonistes de RB2 aient été développées, à ce jour, seul l'Icatibant dispose d'une AMM.

2.1 Etudes in vitro

2.1.1 <u>Modèles animaux</u>

2.1.1.1 Fixation aux récepteurs

La fixation de HOE-140 sur RB2 est décrite comme présentant une haute affinité pour RB2 (Tableau II). La liaison est saturable [127], pourtant plusieurs études sont en désaccord sur la nature de l'interaction qui lie HOE-140 et BK sur RB2. Certains auteurs relèvent une interaction de type compétition et d'autres un mécanisme non compétitif [128]. Une expérience de mutagénèse dirigée sur les sites de RB2 en interaction avec BK et HOE-140 révèle une relation de compétition et explique que l'équilibre est lent à s'établir ce qui pourrait expliquer les résultats contradictoires des études antérieures [129].

2.1.1.2 Signalisation cellulaire

Dans des modèles *in vitro* utilisant des cellules animales, HOE-140 démontre ses propriétés antagonistes vis-à-vis de BK concernant la libération de NO et de PG ainsi que sur la mobilisation du Ca intracellulaire (Tableau IV).

Modèle cellulaire				Concentration de BK (nmol•l^{-1})	Concentration de HOE-140 (nmol•l^{-1})	Effet de HOE-140
Porc	Aorte	Cellules endothéliales	Libération de NO	30	10	Inhibition
					100 à 1000	Inhibition complète
			Calcium intracellulaire	1	0,01 à 1000	Inhibition
Bœuf			PGI$_2$	10 à 1×10^5	100	Inhibition complète

Tableau IV: Effets de HOE-140 sur la signalisation cellulaire [127].

PGI2 : Prostaglandine I2 ; NO : oxyde nitrique.

2.1.1.3 Organes isolés

Des études à partir d'organes isolés d'animaux ont confirmé que HOE-140 était un puissant antagoniste de BK (Tableau V).

Modèle animal *in vitro*			Concentration de BK (nmol•l^{-1})	Concentration de HOE-140 (nmol•l^{-1})	Effet de HOE-140
Rat	Utérus	Contraction des cellules musculaires lisses	10	3 à 100	Antagoniste
			1,6	0,25 à 2,5	
	Duodénum		3	1,25 à 5	
Cochon d'inde	Artère pulmonaire		200	1 à 50	
	Iléon		1 à 1×10^3	3 à 100	
			73		
			4		
Hamster	Trachée		81	7,3 × 10^3	
	Vessie				
Lapin	Veine jugulaire		0,2 à 1×10^4	0,3 à 10	Antagoniste non compétitif
			4	7,3 × 10^3	
	Aorte		202	7,3 × 10^3	Aucun effet
	Tissus de l'oreille	Débit veineux	0,1	1,5	Antagoniste
				5 à 15	
		Libération de PGE2		20	
		Stimulation des récepteurs nociceptifs		1,5 à 15	

Tableau V: Effet antagoniste de HOE-140 sur Bradykinine (BK) dans des modèles *in vitro* animaux [123][127][130][131].

L'absence d'effet dans le modèle de contraction de l'aorte de lapin est cohérente avec l'effet sélectif de HOE-140 pour RB2 car l'aorte de lapin représente un modèle d'activation de RB1 (Tableau V). En effet HOE-140 montre une grande sélectivité pour RB2 et BK (Tableau VI).

Modèle animal *in vitro*			agoniste	Concentration de l'agoniste (nmol•l⁻¹)	Concentration de HOE-140 (nmol•l⁻¹)	Effet de HOE-140
Cochon d'inde	Iléon	Contraction des cellules musculaires lisses	Substance P	3,3	7,3 × 10³	Aucun effet
	Trachée		Neurokinine A	22		
Lapin	Aorte		Acétylcholine	550		
			*des*Arg⁹-BK	300	100	
				94		
			Neurokinine A	12,2	7,3 × 10³	
			Angiotensine-II	9,6		
	Veine		Angiotensine-II	9,6		
			Substance P	8,06		
	Oreille	Flot veineux	Angiotensine-II	0,03 nmol	1,5 à 15	
			Noradrénaline	0,1 nmol		
Hamster	Vessie	Contraction des cellules musculaires lisses	Neurokinine A	22	7,3 × 10³	
			Acétylcholine	550		

Tableau VI : Etudes de la sélectivité de HOE-140 pour le récepteur B2, à partir de modèles utilisant des organes isolés d'animaux [130][131].

HOE-140 présente néanmoins une activité agoniste partielle dans certains modèles lorsque sa concentration est élevée (Tableau VII).

Modèle animal in vitro		Test	Concentration de HOE-140 ($nmol \cdot l^{-1}$)	Effet de HOE-140
Cochon d'inde	Iléon	Cellule musculaire lisse	1×10^5	Agoniste partiel
			$7,3 \times 10^3$	Aucun effet
	Trachée		$7,3 \times 10^3$	Aucun effet
	Artère pulmonaire		1×10^5	Agoniste partiel
Rat	Utérus		Contraction	1×10^5	Aucun effet
Hamster	Vessie		$7,3 \times 10^3$	Agoniste partiel faible
Lapin	Veine jugulaire		$7,3 \times 10^3$	Aucun effet
	Aorte		$7,3 \times 10^3$	Aucun effet

Tableau VII : Effets agonistes de HOE-140 dans des modèles *in vitro* animaux [130][131].

2.1.2 Modèles *ex vivo* humains

Connaissant la difficulté de modéliser le système kallicréine-kinine humain chez l'animal, il était important de démontrer les effets de HOE-140 dans un modèle *ex-vivo* humain. Ces études ont confirmé les effets observés chez l'animal, montrant l'effet antagoniste (Tableau VIII) et sélectif de HOE-140 vis-à-vis de BK pour RB2 (Tableau IX). Ces études relèvent à nouveau le désaccord sur le mécanisme de l'inhibition (compétitive ou non) de HOE-140 (Tableau VIII).

Modèle cellulaire		Concentration de BK (nmol•l^{-1})	Concentration de HOE-140 (nmol•l^{-1})	Effet de HOE-140
Veines ou Artères de cordons ombilicaux	Contraction des cellules musculaires lisses	0,1 à 1×10^4	1 à 1×10^4	Antagoniste compétitif
Iléon		8	7,3 × 10^3	Antagoniste
Vessie		4	7,3 × 10^3	Antagoniste
Bronche pulmonaire		1 à 1×10^5	1 à 1×10^3	Antagoniste non compétitif
Artère pulmonaire		0,1 à 1×10^4	10 à 1×10^4	Antagoniste compétitif

Tableau VIII : Effet antagoniste de HOE-140 sur Bradykinine (BK) dans des modèles *in vitro* humains [123][130][132].

Modèle cellulaire		Agoniste	Concentration de l'agoniste (nmol•l^{-1})	Concentration de HOE-140 (nmol•l^{-1})	Effet de HOE-140
Iléon	Contraction des cellules musculaires lisses	Acétylcholine	550	7,3 × 10^3	Aucun effet
Vessie					
Veine ou artère de cordon ombilical		Sérotonine	1 à 1×10^5	1×10^4	
		Histamine	1 à 1×10^5	1×10^4	

Tableau IX : Etudes de la sélectivité de HOE-140 pour le récepteur B2 dans des modèles *in vitro* humains [130][132].

Dans les modèles *ex-vivo* humain, une activité agoniste partielle a également été observée lorsque HOE-140 est appliqué à forte concentration (Tableau X).

Modèle cellulaire		Concentration de HOE-140 (nmol•l^{-1})	Effet de HOE-140
Iléon	Contraction des cellules musculaires lisses	1×10^4	Légère activité agoniste
Vessie			
Veine ou artère de cordon ombilical		1×10^3	Aucun effet

Tableau X : Effets agonistes de HOE-140 dans des modèles *in vitro* humains [130].

2.2 Etudes in *vivo* : modèles animaux

Les données préliminaires acquises dans les modèles *in vitro* ont donné lieu à des études *in vivo*, d'abord chez l'animal, pour (1) confirmer l'effet antagoniste et (2) établir les premières estimations pharmacocinétiques. Les études chez l'animal ont pu confirmer les effets antagonistes de HOE-140 vis-à-vis de BK (Tableau XI).

Modèle animal		dose et voie d'administration de BK		HOE-140 (dose en nmol•kg^{-1} et voie d'administration)		Effet de HOE-140
Cochon d'inde	Broncho-constriction	0,3 à 0,6 nmol	I.V.	0,001 à 1	I.V.	Inhibition
				20	S.C.	
		15 nmol•kg^{-1} 1 nmol•l^{-1}	Inhalée	100	I.V.	
		0,3 à 0,6 nmol•kg^{-1}	I.V.	0,001 à 1		
				1 à 100	Inhalé	
		235 nmol•kg^{-1}	Inhalée	10	I.V.	
				0,1	Inhalée	
	Perméabilité de la micro-vasculature pulmonaire	1 nmol•l^{-1}	Inhalée	100	I.V.	
	Hypotension	15 nmol•kg^{-1}	I.V.			
Rat	Hypotension	100 pmol	Intra artérielle	0,075 nmol	Intra artérielle	Inhibition complète
				0,75 nmol		
				20	S.C.	
	Œdème de la patte	5 nmol	Injection dans la patte	760	I.V.	Inhibition
	Extravation des protéines du plasma	500 nmol•kg^{-1}	I.V.	500		Inhibition complète

Tableau XI : Effet antagoniste de HOE-140 sur Bradykinine (BK) dans des modèles animaux *in vivo* [133][134][135][136].

I.V. : intraveineux ; S.C. : sous cutané.

De même la sélectivité de HOE-140 vis-à-vis de BK pour RB2 a été confirmée chez l'animal (Tableau XII), puisque HOE-140 contrarie les effets des activateurs de la phase contact, comme le carraghénane ou les cristaux d'acide urique sans modifier les effets d'activateurs du complément, comme le zymosan.

Modèle animal		Agoniste (dose et voie d'administration)			HOE-140 (dose et voie d'administration)		Effet de HOE-140
Cochon d'inde	Broncho-constriction	Acétyl-choline	N.D.	N.D.	N.D.	N.D.	Aucun effet
		Histamine	10 nmol•l^{-1}	Intraveineux	N.D.	N.D.	
		5-hydroxy tryptamine	N.D.	N.D.	N.D.	N.D.	
	Perméabilité de la micro-vasculature pulmonaire	Facteur activateur des plaquettes	3 mmol•l^{-1}	Inhalé	100 nmol•kg^{-1}		
	Hypotension						
Rat	Œdème de la patte	Polysaccharide : Carraghénane	0,1 ml à 0,5 %	Injection dans la patte	0,01 à 1 mg•kg^{-1}	Intra-veineux	Inhibition
			1 mg		380 nmol•kg^{-1}		
					760 nmol•kg^{-1}		
		Brulure	30 s à 55°C		760 ou 380 nmol•kg^{-1}		Aucun effet
		Cristaux d'a. urique	1 ou 8 mg		760 nmol•kg^{-1}		Inhibition
		Zymosan	1 mg		760 nmol•kg^{-1}		Aucun effet

Tableau XII : Etudes de la sélectivité de HOE-140 pour le récepteur B2 dans des modèles *in vivo* animaux [130][131].

Chez l'animal, la tolérance d'HOE-140 à dose faible est correcte. Cependant à forte dose, la molécule présente une activité agoniste partielle vis-à-vis de RB2 [131][133][136] (Tableau XIII).

Modèle animal	HOE-140		Effet de HOE-140
	Dose (µmol•kg^{-1})	Voie d'administration	
Chien	0,008 à 0,08	Intraveineux	Aucun effet
	0,8		Diminution de la pression artérielle, douleur, agitation, hyper-salivation
Cochon d'inde.	1	Inhalé	Aucun effet
	1	Intraveineux	Effet agoniste faible et transitoire
Rat	5	intraveineux	Effet agoniste équivalent à 0,5 µmol•kg^{-1} de BK

Tableau XIII : Effets agonistes de HOE-140 dans des modèles animaux *in vivo* [131][133][136].

Les études précliniques montrent que HOE-140 est un antagoniste compétitif hautement sélectif du récepteur B2 à faible dose, tandis qu'un effet agoniste partiel pourrait être observé à forte dose.

2.3 Etudes cliniques de HOE-140, Icatibant, Firazyr®

2.3.1 Paramètres pharmacodynamiques et pharmacocinétiques

L'icatibant a tout d'abord été étudié pour une administration par voie I.V. mais les risques liés à l'exposition d'une forte concentration ont conduit à modifier la stratégie d'administration. La voie S.C. a donc été préférée car elle expose à une concentration maximale inférieure et rend l'auto-administration plus accessible. La voie intranasale a également été utilisée dans certains essais afin d'obtenir une action locale de l'icatibant.

A partir des caractéristiques pharmacocinétiques de l'icatibant (Tableau XIV), on peut déduire quelques principes pour l'utilisation thérapeutique. (1) L'absorption rapide du produit par voie S.C. permet l'utilisation en traitement aigüe. (2) La vitesse d'élimination indépendante de la dose initiale, permet de préconiser des administrations répétées plutôt qu'une augmentation de la dose lorsque l'effet d'une injection est insuffisant. (3) Le risque d'accumulation du produit est faible car le volume de distribution est large, sans accumulation au niveau adipeux et sans passage de la BHE, ce qui permet de recommander l'administration répétée plutôt que l'augmentation de la dose. (4) Néanmoins l'icatibant traverse la barrière placentaire, le médicament est présent dans le lait maternel, ce qui conduit aux précautions d'usage en cas de grossesse ou d'allaitement.

	Voie d'administration	
	Intraveineuse	Sous-cutanée
Demi-vie (min)	25	84
Biodisponibilité (%)	100	96
$AUC_{0\to\infty}$ (h•ng•mL^{-1})	3 208	3 114
C_{max} (ng•mL^{-1})	2971	1 429
T_{max} (min)		30
Clairance plasmatique (mL•min^{-1})	245	
Fixation aux protéines (%)	44	
Volume de distribution (L)	20 – 25	

Tableau XIV : Paramètres pharmacocinétiques de l'Icatibant [43].

Les données pharmacocinétiques permettent de prédire un nombre restreint d'interactions médicamenteuses puisque l'icatibant possède un faible degré de fixation aux protéines plasmatiques et un métabolisme indépendant du cytochrome P450. L'élimination sous forme active étant minoritaire (10 %), elle est peu influencée par l'insuffisance rénale ou hépatique.

L'activité antagoniste de l'icatibant (20, 50 ou 100 µg•kg^{-1} par voie I.V.) vis-à-vis de BK a été démontrée chez 8 volontaires sains [137]. Aucune modification de l'afflux sanguin, de la fréquence cardiaque ou de la tension artérielle n'a été observée chez les 8 sujets [65]. Un autre essai rapporte une augmentation des pressions artérielles, systolique et diastolique, et une diminution de la fréquence cardiaque dans les 3 h suivant l'administration I.V. de 10 mg d'icatibant sans qu'il n'y ait d'impact sur l'activité du système rénine-angiotensine [138]. Ces effets hémodynamiques de l'icatibant pourraient être dus à l'implication de BK dans l'homéostasie de la pression sanguine ou à l'effet agoniste partiel de l'icatibant déjà mentionné.

2.3.2 Traitement des crises d'AO

Les premiers essais d'application de l'icatibant sur des crises d'AO (n=20) montrèrent une réduction de la durée des crises lorsque l'icatibant était appliqué par voie I.V. (0,4 mg•kg^{-1} perfusé sur 2 ou 0,5 h ou 0,8 mg•kg^{-1} perfusé sur 0,5 h) ou S.C (30 ou 45 mg) [139].

Ont ensuite été conduits 3 essais cliniques randomisés et en double aveugle. Ces essais avaient pour but d'évaluer l'efficacité de l'icatibant vis-à-vis du délai d'amélioration des symptômes chez des patients développant une crise d'AOH avec déficit pour C1Inh. Le premier essai, FAST-1 comparant l'efficacité de l'icatibant (n=27) vis-à-vis d'un placebo (n=29), n'a pas montré d'amélioration significative de ce délai (2,5 h *vs* 4,6 h *p* = 0,14) [140]. Le second essai, FAST-2, a montré la supériorité de l'icatibant (n=36) vis-à-vis de l'acide tranexamique (n=38) pour diminuer le délai d'amélioration des symptômes (2 h *vs* 12 h *p* < 0,001). Néanmoins il faut souligner la faible dose à laquelle l'acide tranexamique a été utilisée lors de cet essai, 3 g par jour, alors que la dose recommandée par les experts internationaux est de 4 à 6 g par jour [141]. Le dernier essai, FAST-3, a repris sur une cohorte plus large, le comparatif de icatibant vis-à-vis du placebo ; il a mis en évidence l'effet bénéfique du médicament (2 h vs 19,8 h *p* < 0,001) [142].

Ces essais ont montré que l'icatibant présentait une bonne tolérance. L'effet indésirable le plus fréquemment rapporté était une aggravation ou une récurrence de la crise d'AO dans les 48 h suivant la première administration, affectant 11 à 25 % des crises traitées par l'icatibant dans les différents essais cliniques [139][140][142]. De même une grande partie des patients signalent une réaction locale (œdème, prurit, douleur ou érythème) lors de l'injection. Cette réaction habituellement peu sévère, transitoire et de résolution spontanée [130], semble être due à l'effet activateur des analogues de BK sur les mastocytes lorsqu'ils sont présents à forte concentration [46]. Elle serait donc la conséquence de la libération d'histamine par les mastocytes induite par la forte concentration d'icatibant au niveau du site d'injection [143].

2.3.3 Autres applications

L'AMM de l'icatibant, à ce jour, restreint son utilisation aux crises d'AO modérées à sévères chez les adultes déficitaires pour C1Inh. Pourtant d'autres utilisations sont envisagées dans le cadre des AO d'une part mais aussi dans d'autres indications.

2.3.3.1 Autres applications dans le cadres des AO

L'application de l'icatibant a tout d'abord été envisagée pour le traitement des crises AO à BK chez des patients n'ayant pas un AOH avec déficit pour C1Inh, comme par exemple les AO acquis [144], les AOH avec fonction normale de C1Inh [145] et les AO iatrogènes [146].

Du fait de la courte demi-vie de l'icatibant, son utilisation en prophylaxie semble peu envisageable ; cependant certains cas rapportent qu'il est applicable en prophylaxie à court terme avant une chirurgie [147][148].

A ce jour, ni la tolérance ni l'efficacité, de l'icatibant n'ont été évaluées dans la population pédiatrique. C'est pourquoi l'application du médicament est restreinte aux adultes. Néanmoins un essai clinique (NCT01386658) est en cours pour évaluer les données pharmacocinétiques nécessaire à l'obtention de l'AMM pédiatrique.

L'AO affecte la qualité de vie des patients avec un fort impact négatif. Pour diminuer cet impact certains centres essaient de développer l'éducation à l'auto-administration [149]. Ce qui assurerait un traitement plus rapide des crises d'AO et sans doute une meilleure efficacité de l'icatibant [150].

2.3.3.2 Chirurgie cardiaque

Les interventions par chirurgie cardiaque nécessitant un pontage cardiopulmonaire induisent l'activation du système kallicréine-kinine [151]. Dans cette hypothèse, et parce que l'infusion de BK conduit à la libération de tPA [65], l'impact de l'icatibant (n=40) sur la fibrinolyse et l'inflammation lors du pontage cardiopulmonaire a été étudié lors d'un essai randomisé. Cet effet a été comparé à celui d'une molécule de référence anti-fibrinolytique (l'acide ε-aminocaproïque, n=37) ou d'un placebo (n=38). L'icatibant et l'anti-fibrinolytique ont diminué la fibrinolyse peropératoire mais seul l'acide ε-aminocaproïque a montré un impact sur la concentration des D-dimères et sur les saignements post-opératoires. Ni l'une, ni l'autre de ces molécules n'a modifié la proportion de patient transfusé [152].

2.3.3.3 Ischémie-reperfusion

Dans un essai clinique randomisé et en double aveugle, l'icatibant a été évalué pour son rôle protecteur dans les phénomènes d'ischémie-reperfusion. Les lésions d'ischémie-reperfusion ont été induites, au niveau du bras chez 20 volontaires, par le gonflement d'un brassard précédé ou non par un pré-conditionnement ischémique. Dans ce modèle, l'icatibant (100 $\mu g \cdot kg^{-1}$) n'a pas montré d'effet majeur sur la prévention des lésions [153].

2.3.3.4 Ostéo-arthrite

Au niveau articulaire, BK est connu pour être impliquée dans l'homéostasie du cartilage, l'inflammation, la douleur, l'activation des synoviocytes et des chondrocytes [40]. C'est à partir de ces observations que l'icatibant a été testé dans le traitement de l'ostéo-arthrite du genou. Une seule injection intra articulaire d'icatibant (90 µg, n=58) a montré un effet antalgique [154] sans avoir d'effet anti-inflammatoire sur l'articulation [155].

2.3.3.5 Rhinite allergique

L'administration intra-nasale d'icatibant (10 à 500 µg) inhibe les effets locaux de BK (100 µg, n=36) avec une bonne tolérance locale et systémique du médicament [156]. Lorsque la rhinite allergique est induite par un extrait d'acarien, l'icatibant démontre son efficacité vis-à-vis de l'obstruction nasale sans avoir d'impact sur la rhinorrhée, le prurit et les éternuements [157]. Lorsque la rhinite est provoquée par un extrait de pollen, on ne retrouve aucun effet de l'icatibant sur les symptômes. Par contre l'icatibant parait diminuer hypersensibilité et l'hyper-éosinophilie associées à la rhinite allergique [158].

2.3.3.6 Asthme chronique

Chez les patients souffrant d'asthme, l'inhalation de BK induit une forte bronchoconstriction alors qu'elle n'a pas d'impact chez les sujets normaux [159]. C'est à partir de cette observation que l'icatibant a été testé pour le traitement de l'asthme chronique. Au cours d'un essai clinique randomisé, en double aveugle et contre placebo, il a été administré sous forme de nébulisat aux doses de 0,9 et 3 mg, 3 fois par jour pendant 4 semaines chez des patients asthmatiques chroniques. A cette occasion l'administration de l'icatibant a permis une amélioration dose-dépendante des tests fonctionnels pulmonaires sans avoir d'impact sur la sévérité des symptômes de l'asthme. Les résultats de ces essais suggèrent que BK est un médiateur pro-inflammatoire impliqué dans l'asthme, sans effet broncho-constricteur majeur pour l'apparition des symptômes [160].

2.3.3.7 Syndrome de fuite capillaire systémique

Le syndrome de fuite capillaire se caractérise par des épisodes associant hypotension, hémoconcentration, hypoalbuminémie sans albuminurie et œdèmes généralisés pouvant aller jusqu'à la défaillance cardiaque. Ils sont en lien avec des phénomènes d'hyperperméabilité capillaire et peuvent être de cause diverses : infections par des virus [161], maladie de Clarkson [162]. La physiopathologie n'est pas encore élucidée mais l'implication de BK est fortement suggérée [161][162]. C'est dans cette hypothèse que l'icatibant a été appliqué avec efficacité chez un patient présentant un choc hémorragique sévère [161], démontrant ainsi l'implication de BK dans le processus pathologique.

3. Discussion

L'icatibant est donc un puissant antagoniste sélectif de RB2. La démonstration de cette propriété s'est initialement heurtée aux difficultés de l'étude du système kallicréine-kinine : variabilité inter-espèce, caractérisation des modèles d'expression des récepteurs B1 et/ou B2, spécificité vis-à-vis des récepteurs, importance des enzymes du catabolisme et de la conversion des agonistes de RB2 en agonistes de RB1.

A partir des rapports des études précliniques, on peut noter que les doses utilisées varient de quelques nano-moles par kilo (soit environ 25 µg•kg^{-1}) à 7300 nmol•kg^{-1} (soit environ 1 mg•kg^{-1}). Alors que la posologie administrée chez l'homme s'inscrit dans la frange haute de cet intervalle (30 mg représente une dose de 0,5 mg•kg^{-1} pour un adulte de 60 kg). L'administration de 30 mg S.C. a été retenue après la démonstration de son équivalence avec la dose I.V de 0,4 mg•kg^{-1}. Néanmoins 30 mg d'icatibant (ou 23 µmol) représentent une quantité très supérieure à la quantité maximale de BK pouvant être libérée. Dans l'hypothèse où l'intégralité de HK serait clivé (90 µg•ml^{-1}), il y aurait au maximum une libération de 4 µmol de BK. Il y a donc 7 fois plus d'icatibant que de BK pouvant être libérée. De plus, les études précliniques ont montré qu'à forte dose, l'icatibant possédait des propriétés agonistes partielles. Ces effets sont également rapportés chez l'homme au niveau de la réaction locale au point d'injection. Cet effet agoniste partiel est suspecté d'être la cause des réactions de récurrence ou d'aggravation des crises d'AO dans les 48 h suivant l'application de l'icatibant.

D'autre part, l'effet de l'icatibant sur le déplacement de BK fixé au récepteur n'a pas été étudié. En complément la question peut être posée du devenir des molécules de BK déplacées. Pourront-elles être converties en *des*Arg^9-BK et interagir avec RB1 ? Cette question émerge dans la logique de plusieurs cas rapportés de récurrence des crises d'AO lorsque le médicament a été appliqué dans un contexte infectieux avec l'hypothèse que l'induction de l'expression de RB1 favorise la réémergence de la crise initiale.

En dehors du contexte de l'AO les antagonistes de RB2, incluant l'icatibant, représentent une possible option thérapeutique de pathologies inflammatoires. Les antagonistes de RB2 ont été évalués, chez l'animal, pour le traitement, entre autres, des douleurs neuropathique [163], de la maladie d'Alzheimer [164], des septicémies [165], des traumatismes crâniens [98], de la goutte [166], de la pancréatite [167] (Figure 15). Au cours des essais cliniques chez l'homme, l'icatibant n'a pas réussi à démontrer son efficacité dans la prévention des lésions ischémiques [153], du traitement de l'asthme [160] ou des rhinites [157][158], malgré les démonstrations de l'implication de BK dans l'étiopathogénie de ces pathologies. Ceci suggère que BK est un médiateur pro-inflammatoire parmi d'autres et que les processus inflammatoires sont plus complexes. L'inhibition d'une seule voie d'activation (*i.e.* voir RB2) ne s'associe pas à une amélioration clinique significative, même si cette manœuvre résout certains paramètres associés notamment biologiques. C'est pourquoi, pour ce qui relève du système kallicréine-kinine, certains auteurs proposent d'examiner des antagonistes non sélectifs des récepteurs B1 et B2, comme la molécule CP-0364 [168]. De même, concernant l'AO, il est évoqué que l'ajout d'un antagoniste de RB1 à l'icatibant pourrait avoir un effet bénéfique [169].

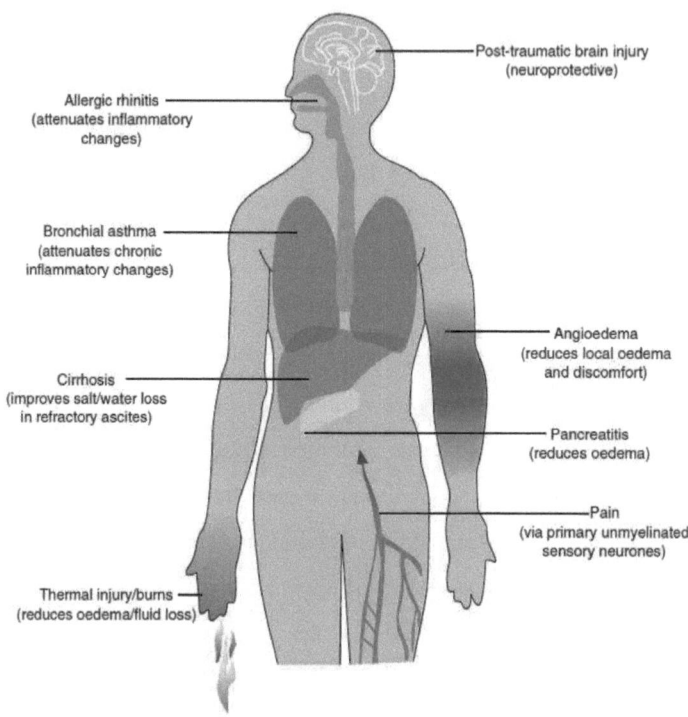

Figure 15 : Applications potentielles des antagonistes des kinines [43].

Les traitements antihypertenseur IEC apportent la démonstration que BK exerce des effets bénéfiques à long terme. Quelles seraient les conséquences d'une utilisation d'un antagoniste de RB2 dans la durée ? Bien que l'administration répétée de l'icatibant n'ait pas présenté d'effets adverses majeurs [170], la question peut être posée de l'effet à long terme de ces médicaments. Notamment lorsque l'application de l'antagoniste n'est plus envisagée comme un traitement de la phase aigüe (crise d'AO), mais comme un traitement chronique (douleur neuropathique par exemple).

Partie II : Données expérimentales

Afin de valider expérimentalement l'impact différentiel des kinines et de l'icatibant sur la perméabilité endothéliale en fonction du contexte inflammatoire, un modèle *in vitro* de perméabilité endothéliale a été adapté à partir de la méthode décrite par Bossi *et al.* [171]. Ce modèle s'appuie sur le système Transwell® ou chambre de Boyden qui représente deux chambres de cultures séparées par une membrane poreuse (Figure 16). Ce dispositif est habituellement appliqué à l'étude des phénomènes d'interactions cellulaires (co-culture), de mobilité cellulaire et de chimiotactisme. Dans notre application, la membrane poreuse séparant les deux chambres sert de support pour la culture des cellules endothéliales qui vont former à sa surface une monocouche de cellules imperméable modélisant la paroi de l'endothélium vasculaire.

L'objectif est d'appliquer les kinines et l'icatibant sur la monocouche cellulaire à l'état basal et en condition sensibilisée par une cytokine pro-inflammatoire, et de suivre la perméabilité de l'endothélium à l'aide du transfert d'un fluorochrome d'un compartiment à l'autre.

1. Matériel et Méthodes

1.1 Modèles cellulaires

1.1.1 Les cellules EA.hy926

Les cellules de la lignée cellulaire EA.hy926 (ATCC® [172] sont cultivées dans le milieu DMEM (Milieu d'Eagle modifié par Dulbecco, Gibco®) contenant 10 % (v/v) de sérum de veau fœtal (SVF, Gibco®), supplémenté en antibiotique (100 U•ml^{-1} de pénicilline et 100 µg•ml^{-1} de streptomycine, Gibco®) et en acide aminée L-Glutamine 100 mg•l^{-1} (Gibco®) formant le milieu DMEM complet.

Les cellules sont maintenues à 37°C en atmosphère contenant 5 % de CO_2 et saturée en eau (étuve Heraeus, Kendro®). Les cellules EA.hy926 sont subdivisées après avoir été détachées du support par la trypsine-EDTA 0,05 % (Gibco®).

1.1.2 Perméabilité de la monocouche endothéliale par le système Transwell®

1.1.2.1 Préparation des inserts

Les inserts (pores de 8 µm, Thermo Fischer, Figure 16) sont recouverts avec de la gélatine (2 % m/v, 60 min, 37°C) puis lavés avec du tampon PBS stérile (1 x ; 137 mM NaCl ; 2,7 mM KCl ; 8 mM Na_2HPO^4, 2 mM KH_2PO^4, pH 7,5, Gibco®) qui est ensuite éliminé par décantation.

La concentration de la suspension cellulaire (comptage par le test d'exclusion au bleu de Trypan, en cellule de Malassez) est ajustée à 100 cellules•μl^{-1} et 200 µl de suspension (soit 20 000 cellules) sont déposés sur les inserts (Figure 16). Les cellules sont cultivées pendant 7 jours, avec un renouvellement quotidien jusqu'à J-1 de 100 µl de milieu de culture.

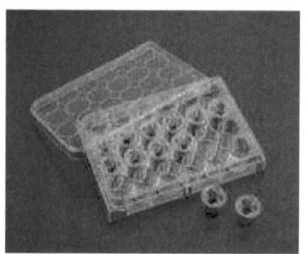
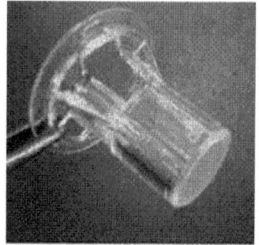

Figure 16 : Système Transwell®.
A droite, image d'une plaque 24 puits équipés de 12 inserts. A gauche, détail d'un insert.

1.1.2.2 Evaluation de la qualité de la monocouche endothéliale

Pour mettre en jeu l'expérience de perméabilité le jour J, 100 µl de milieu sont retirés et 10 µl d'une solution BSA-FITC (10 mg•ml^{-1}, Sigma®) sont déposés sur chaque inserts (7 min, 37°C, 5 % CO2), avant de lire la fluorescence du liquide contenu dans le compartiment inférieur (λ excitation= 485 nm ; λ émission= 535 nm, BMG Labtech Fluostar®). Si la quantité du traceur BSA-FITC transféré est négligeable (< 0,5 %), on considère que les cellules forment une monocouche confluente imperméable, validant ainsi la fonctionnalité du système expérimental.

1.1.2.3 Evaluation de la perméabilité

Une fois vérifiée la confluence du support endothélial, différents stimulus sont appliqués : BK (Bachem®); *des*Arg^9-BK (polypeptide®); HOE-140 (Firazyr®, Shire®) 1×10^{-6} M (concentrations finales). La perméabilité endothéliale est suivie en cinétique par la mesure de la fluorescence dans le compartiment inférieur après 5, 15, 30 et 60 minutes. La concentration du traceur dans le compartiment inférieur est calculée sur la courbe d'étalonnage de BSA-FITC (équation de la droite de régression linéaire). La quantité relative de traceur évalue la perméabilité endothéliale.

1.2 Expression des récepteurs B1 et B2 :

L'expression du RB1 est induite par l'incubation des cellules en présence de TNF-α [173]. Les cellules EA.hy926 sont cultivées jusqu'à confluence (milieu DMEM complet) puis incubées 24 h avec différentes concentration de TNF-α (0 ; 2 ; 5 et 10 ng•ml^{-1}, Sigma®).

1.2.1 Mise en évidence des récepteurs par immunoblot

1.2.1.1 Extraction cellulaire

Les cellules adhérentes sont lavées avec du tampon PBS, puis détachées à l'aide d'un mélange PBS (1 x), EDTA (1 mM). La suspension cellulaire est centrifugée (10 min, 400 g), le culot cellulaire est mis en suspension dans du tampon de lyse (25 mM Tris-HCl, pH 7,5 ; 5 mM EDTA ; 1 % Triton X-100) contenant des inhibiteurs de protéases (Leupeptine 1,8 µM ; Pepstatine 1,5 µM et TLCK10 µM), 30 min sur la glace. Le lysat cellulaire est centrifugé (12 000 × rpm, 5 min, 4°C) et le surnageant est aliquoté (100 µL) et conservé à -80°C.

1.2.1.2 Immunoblot anti-récepteur B1 et B2 :

Les échantillons de surnageant (35 µl) sont chargés sur un gel de polyacrylamide (12 %) en présence de laurylsulfate de sodium (SDS-PAGE) en conditions dénaturantes. Le gel est ensuite soumis au transfert sur une membrane de nitrocellulose (minitransblot cell, Biorad®, 100 V, 60 min). Après transfert, la membrane est rincée 5 min dans le tampon TBS 1 x (Tris 10 mM, NaCl 150 mM, pH 7,5) puis saturée une nuit à 4°C (TBS 1x, Tween 20 0,1 %, albumine de sérum bovin [SAB] 1 %). La membrane est ensuite incubée 1 h à température ambiante avec les anticorps primaire poly-clonale anti-RB1 (anticorps de chèvre, sc-15043, Santa Cruz Biotechnology®) ou anti-RB2 (anticorps de chèvre, sc-15050, Santa Cruz Biotechnology®), dilués au 1/500ème. Après 3 lavages (TBS+ [Tris 20 mM, NaCl 500 mM, pH 7,5] 1 x, Tween 20 0,1 %) la membrane est incubée 1 h avec l'anticorps secondaire anti-chèvre conjugué avec HRP (sc-2020, Santa Cruz Biotechnology®) dilué au 1/5000ème. La membrane est lavée 3 fois (TBS+ 1 x, Tween 20 0,1 %) puis un dernier lavage avec TBS 1 x. La fixation des anticorps sur leurs cibles est ensuite révélée par chimiluminescence (caméra à capteurs photographique, CCD, Biorad ChemiDoc XRS+).

1.2.1 Mise en évidence des récepteurs par RT-PCR :

1.2.1.1 Extraction de l'ARN

Les ARN totaux sont extraits à partir du culot cellulaire par la méthode trizol-choloroforme et précipités par l'isopropanol. L'ADN contaminant est éliminé par l'action de la DNAse (Invitrogen®). La quantité d'ARN extrait est dosée par spectrophotométrie (Nanodrop®, Thermo Fischer).

1.2.1.2 RT-PCR

L'ARN extrait (2 µg) est retranscris en ADN sous l'action de la transcriptase inverse (maximakinine reverse transcriptase, Invitrogen®) et en présence d'amorce poly(T) (Invitrogen®). Les gènes d'intérêt sont ensuite amplifiés sous l'action de l'enzyme Taq polymérase (Invitrogen®), à l'aide des amorces (Invitrogen®) décrites Tableaux XV. Les amorces ont été dessinées à l'aide des logiciels BLAST® et Primer

Express.v3® (PE Applied Biosystems, USA) sur la base des séquences décrites dans la banque de données GenBank (URL www.ncbi.nlm.nih.gov/irx/genbank).

Les fragments d'amplification sont ensuite examinés par migration sur gel d'agarose (1 %) et bromure d'éthidium (1/1000ème).

Cible		Séquence de l'amorce
BDKBR1 codant pour RB1	Sens	5' AAATGCTACGGCCTGTGACAATGC 3'
	Anti-sens	5' GACCAGGAAGGCAACCACGA 3'
BDKBR2 codant pour RB2	Sens	5' GCCTCACTCACATCCCACTCT 3'
	Anti-sens	5' CCCCAAAGAGCCAGTCGAAG 3'
ACTB codant pour actine β (gène contrôle)	Sens	5' TCACCCACATGTGCCCATCTACGA 3'
	Anti-sens	5' CAGCGGAACCGCTCATTGCCAATGG 3'

Tableau XV : Séquences des amorces utilisées pour la réaction d'amplification (PCR) des gènes codants pour les récepteurs B1 et B2 et l'actine.

1.3 Statistique

Les résultats sont exprimés par la moyenne et l'écart type. Les données sont comparées entre elles par le test de Mann-Whitney pour les variables non paramétriques et non appariées. Les valeurs de *p* inférieures à 0,05 sont considérées comme significatives.

2. Résultats

2.1 Expression des récepteurs B1 et B2 par les cellules EA.hy926

2.1.1 Impact du TNF-α sur l'expression du récepteur B1 par les cellules EA.hy926 :

L'incubation avec le TNF-α (24 h ; 2 ou 10 ng•ml^{-1}) induit l'expression de RB1 de façon dose dépendante (Figure 17).

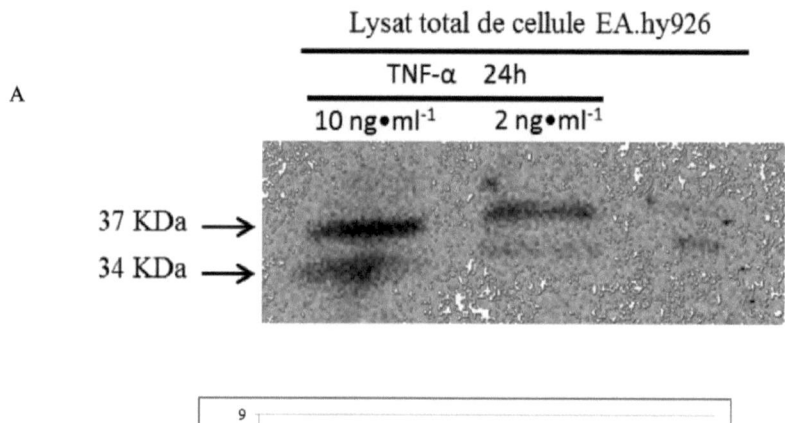

Figure 17 : Expression du récepteur B1 par Western Blot.

A : Image d'un western blot obtenue après migration sur gel de polyacrylamide (12 %) du lysat totale de cellules EA.hy926, stimulées pendant 24 h par TNF-α 10 ou 2 ng•ml^{-1} et en absence de stimulation par TNF-α.

B : Evaluation relative de la quantité de récepteur B1 calculée à partir du western blot (% de la totalité du signal ECL).

2.1.2 Expression du récepteur B2 par les cellules EA.hy926

Le récepteur B2 est constitutivement exprimé par la lignée de cellule endothéliale, EA.hy926 (Figure 18).

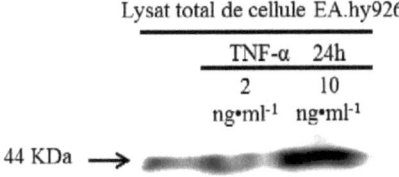

Figure 18 : Expression du récepteur B2 par Western Blot.

2.2 Evaluation de la perméabilité endothéliale induite par des agonistes et antagonistes de RB1 et RB2

2.2.1 Endothélium à l'état basal

A l'état de repos, BK, l'agoniste de RB2 et *des*Arg^9-BK, l'agoniste de RB1 induisent une perméabilité endothéliale significative par rapport au contrôle négatif avec respectivement 8,3 ± 2,0 % ($p < 0,001$), 2,4 ± 1,4 % ($p < 0,05$) et 0,4 ± 0,2 % de traceur transféré au travers de la monocouche endothéliale (Figure 19). L'antagoniste du récepteur B2, HOE-140, induit également une perméabilité, avec un transfert de

3,7 ± 1,4 % du traceur au travers de la monocouche, perméabilité significativement augmentée par rapport au témoin négatif ($p < 0,001$). L'effet de BK est inhibé par l'ajout de HOE-140 avec 4,3 ± 1,5 % ($p < 0,05$). Alors que la perméabilité induite par desArg^9-BK n'est pas significativement modifiée (1,7 ± 1,2 % ; $p = 0,3$; Figure 19).

2.2.2 Endothélium sensibilisé par le TNF-α

Les cellules sensibilisées par le TNF-α et sous l'influence de BK et de desArg^9-BK sont perméables au traceur : transfert de 5,1 % ± 3,3 % (n=3) et de 6,0 % ± 1,9 % (n=5), pour BK et desArg^9-BK, respectivement. L'activation de l'endothélium par le TNF-α ne modifie pas la perméabilité induite par BK, HOE-140 ou l'association BK/HOE-140. Par contre la sensibilisation de l'endothélium par le TNF-α induit une augmentation de l'effet de desArg^9-BK sur le passage du traceur au travers de la monocouche endothéliale ($p < 0,05$). Cette perméabilité n'est pas modifiée par l'ajout d'HOE-140 (5,3 ± 2,3 % de BSA transférée au travers de la monocouche ; Figure 19).

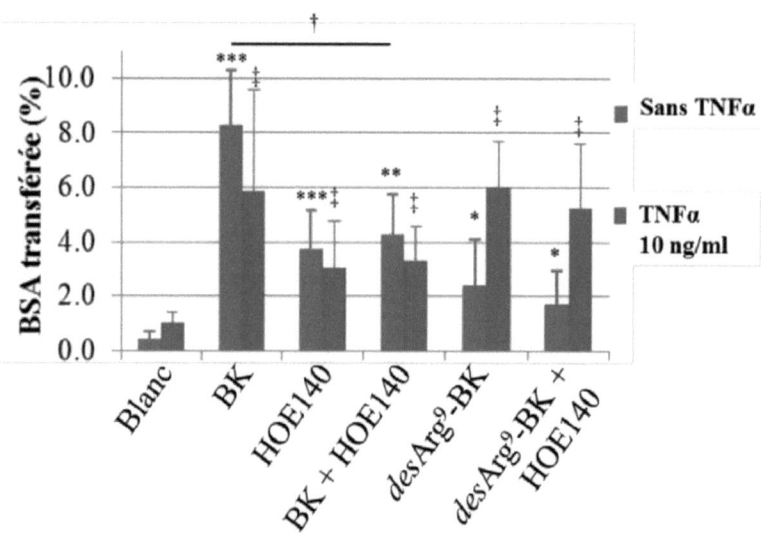

Figure 19 : Perméabilité de l'endothélium : mesure du transfert du traceur par le système Transwell®.

Mesure de l'impact de Bradykinine (BK, agoniste du récepteur B2), de desArg^{9}BK (agoniste du récepteur B1) et de HOE-140 (antagoniste du récepteur B2) sur la perméabilité d'une monocouche confluente de cellule endothéliale (EA.hy926). La perméabilité est évaluée par le pourcentage du traceur (BSA-FITC) transféré au travers de la monocouche endothéliale. n≥3. Test de Mann-Whitney. * $p < 0,05$; ** $p < 0,01$; *** $p < 0,001$: perméabilité comparée entre le blanc et celle induite par le peptide sans activation de l'endothélium par TNF-α; ‡ $p < 0,05$: perméabilité comparée entre le blanc et celle induite par le peptide avec sensibilisation de l'endothélium par TNF-α ; † $p < 0,05$: perméabilité comparée entre le peptide seul et l'association peptide + HOE-140.

3. Discussion

A partir du modèle de perméabilité endothéliale développé dans nos expériences et en accord avec les données de la littérature, BK provoque une augmentation rapide de la perméabilité endothéliale. Celle-ci est inhibée, au moins en partie, par l'icatibant [169]. En effet, on retrouve dans ce modèle l'activité agoniste partielle de l'icatibant, observée par ailleurs [130]. D'autre part l'icatibant confirme sa sélectivité pour RB2 car il n'affecte pas la perméabilité induite par desArg^9-BK.

D'autre part, dans la situation de sensibilisation de l'endothélium par le TNF-α qui reproduit une condition inflammatoire, l'ajout de desArg^9-BK développe une importante perméabilité, indépendante de RB2, qui peut donc se surajouter à celle déjà induite par BK. Ceci consolide l'hypothèse que l'état de sensibilisation de l'endothélium est un paramètre décisionnel pour l'importance de la perméabilité endothéliale en réponse aux kinines. Ces résultats montrent l'importance du RB1 dans le phénomène de perméabilité. Ils posent en outre les questions du devenir de l'agoniste de RB2 déplacé par le médicament : Quelle importance quantitative de molécules déplacées ? Quel métabolisme appliqué aux molécules déplacées ? Quelle importance du ligand de RB1 néoformé et de l'activation qui s'ensuit du RB1 ?

Discussion générale

L'icatibant est un médicament efficace pour antagoniser BK *in vitro* et *in vivo*. Les limites de ses effets, observées dans certains essais, sont sans doute en lien avec le fait que les kinines peuvent agir *via* 2 récepteurs. C'est pourquoi l'association d'un antagoniste de RB1 et de RB2 pourrait être envisagée pour une application thérapeutique. De même les kinines sont impliquées dans le phénomène complexe de l'inflammation ce qui pourrait suggérer d'évaluer l'effet des antagonistes de RB2 associé à d'autres thérapeutiques anti-inflammatoires.

D'autre part la comparaison entre la concentration de BK potentiellement produite et la dose d'icatibant appliquée présente un large excédent en faveur du médicament. Il semble logique de se poser la question de l'impact d'une diminution de la posologie sur l'efficacité du médicament.

Néanmoins à l'observation des effets protecteurs des kinines, illustrés par les effets bénéfiques des médicaments IEC, l'application des antagonistes de RB2 au long cours doit être envisagée avec précaution car il existe des effets indésirables potentiels, cardiovasculaire notamment.

Dans le contexte de l'AO la prescription d'icatibant a subit une forte hausse ces dernières années. Toutefois de nombreuses prescriptions se font hors AMM, car l'indication de l'icatibant est restreinte aux adultes souffrant d'AOH avec déficit pour C1Inh. Les autres formes d'AO, possédant une fonction normale de C1Inh, ne disposent pas de thérapeutique autorisée. Un essai clinique pour appliquer l'icatibant dans les AO avec fonction normale de C1Inh a été initié mais l'efficacité du médicament n'a pu être démontrée, posant la question d'une responsabilité hors du RB2, ou d'une définition de l'AOH avec fonction normale de C1Inh inconsistante. La difficulté de ce diagnostic a souvent été évoquée, cette classe d'AO regroupe un certain nombre d'étiologies différentes dont les AO iatrogènes, les AO associées à une surproduction des kinines mais aussi les AO avec déficit du catabolisme des kinines. La définition des populations à l'intérieur de la classe des d'AO avec fonction normale de C1Inh semble être déterminante pour l'application des thérapeutiques ciblées et souligne ainsi l'importance de l'investigation biologique.

Conclusion

L'icatibant est le premier antagoniste de RB2 à obtenir une autorisation de mise sur le marché. A l'heure actuelle son indication est limitée au traitement des crises d'angioedème héréditaire avec déficit pour C1Inh. Néanmoins son utilisation a été envisagée dans d'autres pathologies telles que l'ischémie reperfusion, des pathologies inflammatoires chroniques comme l'asthme, la rhinite allergique ou l'ostéo arthrite et les syndromes de fuites capillaires. Pour ces indications, les essais cliniques n'ont pas réussi à démontrer l'efficacité du médicament. Les données conjointes de la littérature existante, des connaissances acquises au travers de la pathologie d'AOH et des résultats expérimentaux obtenus à partir du modèle de perméabilité endothélial *in vitro* montrent que (1) l'icatibant est un antagoniste de BK qui possède une activité agoniste partielle intrinsèque, (2) le contexte inflammatoire en relation directe avec le statut d'expression du récepteur B1 doit être considéré pour connaitre l'impact des kinines et le(s) antagoniste(s) à appliquer. D'autre part les applications futures des antagonistes de RB2 devront intégrer les notions de doses. Car pour limiter les risques d'effets adverses liés aux propriétés agonistes partielles de l'icatibant il pourrait être envisagé une diminution de la posologie actuelle. Et enfin il ne faut pas perdre de vue les effets bénéfiques à long terme des kinines et par conséquent distinguer les applications chroniques et aigue des antagonistes des kinines.

Bibliographie

1. Abelous J, Barbier E. Les substances hypotensives de l'urine humaine normale. CR Soc Biol 1909;66:511-520.

2. Frey EK, Kraut H. Ein neues Kreislaufhormon und seine Wirkung. Arch Exp Path Pharmacol 1928;133:1-56.

3. Rocha e Silva M, Beraldo WT, Rosenfeld G. Bradykinin, a hypotensive and smooth muscle stimulating factor released from plasma globulin by snake venoms and by trypsin. Am. J. Physiol. 1949;156:261-273.

4. Björkqvist J, Jämsä A, Renné T. Plasma kallikrein: the bradykinin-producing enzyme. Thromb. Haemost. 2013;110:399-407.

5. Pixley RA, Espinola RG, Ghebrehiwet B, Joseph K, Kao A, Bdeir K, et al. Interaction of high-molecular-weight kininogen with endothelial cell binding proteins suPAR, gC1qR and cytokeratin 1 determined by surface plasmon resonance (BiaCore). Thromb. Haemost. 2011;105:1053-1059.

6. Shariat-Madar Z, Mahdi F, Schmaier AH. Identification and characterization of prolylcarboxypeptidase as an endothelial cell prekallikrein activator. J. Biol. Chem. 2002;277:17962-17969.

7. Joseph K, Tholanikunnel BG, Kaplan AP. Heat shock protein 90 catalyzes activation of the prekallikrein-kininogen complex in the absence of factor XII. Proc. Natl. Acad. Sci. U. S. A. 2002;99:896-900.

8. Pixley RA, Colman RW. [4] Factor XII: Hageman factor. In: Laszlo Lorand KGM, éditeur. Methods in Enzymology. Academic Press; 1993. page 51-65.

9. Johne J, Blume C, Benz PM, Pozgajová M, Ullrich M, Schuh K, et al. Platelets promote coagulation factor XII-mediated proteolytic cascade systems in plasma. Biol. Chem. 2006;387:173-178.

10. Puy C, Tucker EI, Wong ZC, Gailani D, Smith SA, Choi SH, et al. Factor XII promotes blood coagulation independent of factor XI in the presence of long-chain polyphosphates. J. Thromb. Haemost. 2013;11:1341-1352.

11. Ginsberg MH, Jaques B, Cochrane CG, Griffin JH. Urate crystal--dependent cleavage of Hageman factor in human plasma and synovial fluid. J. Lab. Clin. Med. 1980;95:497-506.

12. Kaplan AP, Ghebrehiwet B. The plasma bradykinin-forming pathways and its interrelationships with complement. Mol. Immunol. 2010;47:2161-2169.

13. Semba U, Shibuya Y, Okabe H, Hayashi I, Yamamoto T. Whale high-molecular-weight and low-molecular-weight kininogens. Thromb. Res. 2000;97:481-490.

14. Kaplan AP, Joseph K, Shibayama Y, Nakazawa Y, Ghebrehiwet B, Reddigari S, et al. Bradykinin formation. Clin. Rev. Allergy Immunol. 1998;16:403-429.

15. Proud D, Baumgarten CR, Naclerio RM, Ward PE. Kinin metabolism in human nasal secretions during experimentally induced allergic rhinitis. J. Immunol. 1987;138:428-434.

16. Davis AE 3rd, Lu F, Mejia P. C1 inhibitor, a multi-functional serine protease inhibitor. Thromb. Haemost. 2010;104:886-893.

17. Ghannam A, Defendi F, Charignon D, Csopaki F, Favier B, Habib M, et al. Contact system activation in patients with HAE and normal C1 Inhibitor function. Immunol. Allergy Clin. North Am. 2013;33:513-533.

18. Zhou GX, Chao L, Chao J. Kallistatin: a novel human tissue kallikrein inhibitor. Purification, characterization, and reactive center sequence. J. Biol. Chem. 1992;267:25873-25880.

19. Geiger R, Stuckstedte U, Clausnitzer B, Fritz H. Progressive inhibition of human glandular (urinary) kallikrein by human serum and identification of the progressive antikallikrein as alpha 1-antitrypsin (alpha 1-protease inhibitor). Hoppe Seylers Z. Physiol. Chem. 1981;362:317-325.

20. Cyr M, Lepage Y, Blais C, Gervais N, Cugno M, Rouleau JL, et al. Bradykinin and des-Arg(9)-bradykinin metabolic pathways and kinetics of activation of human plasma. Am. J. Physiol. Heart Circ. Physiol. 2001;281:H275-83.

21. Mc Carthy DA, Potter DE, Nicolaides E. An in vivo estimation of the potencies and half-lives of synthetic bradykinin and kallidin. J. Pharmacol. Exp. Ther. 1965;148:117-122.

22. Audet R, Rioux F, Drapeau G, Marceau F. Cardiovascular effects of Sar-[d-Phe8]des-Arg9-Bradykinin, a metabolically protected agonist of B1 receptor for kinins, in the anesthetized rabbit pretreated with a sublethal dose of bacterial lipopolysaccharide. J. Pharmacol. Exp. Ther. 1997;280:6-15.

23. Blais C Jr, Marceau F, Rouleau JL, Adam A. The kallikrein-kininogen-kinin system: lessons from the quantification of endogenous kinins. Peptides 2000;21:1903-1940.

24. Blaes N, Girolami J-P. Targeting the 'Janus face' of the B2-bradykinin receptor. Expert Opin. Ther. Targets 2013;17:1145-1166.

25. Molinaro G, Carmona AK, Juliano MA, Juliano L, Malitskaya E, Yessine M-A, et al. Human recombinant membrane-bound aminopeptidase P: production of a soluble form and characterization using novel, internally quenched fluorescent substrates. Biochem. J. 2005;385:389-397.

26. Nowak W, Goldschmidt ED, Falcioni AG, Pugliese MI, Errasti AE, Pelorosso FG, et al. Functional evidence of des-Arg10-kallidin enzymatic inactivating pathway in isolated human umbilical vein. Naunyn. Schmiedebergs Arch. Pharmacol. 2007;375:221-229.

27. Ward PE, Chow A, Drapeau G. Metabolism of bradykinin agonists and antagonists by plasma aminopeptidase P. Biochem. Pharmacol. 1991;42:721-727.

28. Cilia La Corte AL, Carter AM, Rice GI, Duan QL, Rouleau GA, Adam A, et al. A functional XPNPEP2 promoter haplotype leads to reduced plasma aminopeptidase P and increased risk of ACE inhibitor-induced angioedema. Hum. Mutat. 2011;32:1326-1331.

29. Leeb-Lundberg LMF, Marceau F, Müller-Esterl W, Pettibone DJ, Zuraw BL. International union of pharmacology. XLV. Classification of the kinin receptor family: from molecular mechanisms to pathophysiological consequences. Pharmacol. Rev. 2005;57:27-77.

30. Pizard A, Blaukat A, Müller-Esterl W, Alhenc-Gelas F, Rajerison RM. Bradykinin-induced internalization of the human B2 receptor requires phosphorylation of three serine and two threonine residues at its carboxyl tail. J. Biol. Chem. 1999;274:12738-12747.

31. Bachvarov DR, Houle S, Bachvarova M, Bouthillier J, Adam A, Marceau F. Bradykinin B2 receptor endocytosis, recycling, and down-regulation assessed using green fluorescent protein conjugates. J. Pharmacol. Exp. Ther. 2001;297:19-26.

32. Moreau ME, Garbacki N, Molinaro G, Brown NJ, Marceau F, Adam A. The kallikrein-kinin system: current and future pharmacological targets. J. Pharmacol. Sci. 2005;99:6-38.

33. Hess JF, Borkowski JA, Macneil T, Stonesifer GY, Fraher J, Strader CD, et al. Differential pharmacology of cloned human and mouse B2 bradykinin receptors. Mol. Pharmacol. 1994;45:1-8.

34. Bastian S, Loillier B, Paquet JL, Pruneau D. Stable expression of human kinin B1 receptor in 293 cells: pharmacological and functional characterization. Br. J. Pharmacol. 1997;122:393-399.

35. Bélanger S, Bovenzi V, Côté J, Neugebauer W, Amblard M, Martinez J, et al. Structure-activity relationships of novel peptide agonists of the human bradykinin B2 receptor. Peptides 2009;30:777-787.

36. Savard M, Labonté J, Dubuc C, Neugebauer W, D'Orléans-Juste P, Gobeil F Jr. Further pharmacological evaluation of a novel synthetic peptide bradykinin B2 receptor agonist. Biol. Chem. 2013;394:353-360.

37. Bhoola KD, Figueroa CD, Worthy K. Bioregulation of kinins: kallikreins, kininogens, and kininases. Pharmacol. Rev. 1992;44:1-80.

38. Couture R, Harrisson M, Vianna RM, Cloutier F. Kinin receptors in pain and inflammation. Eur. J. Pharmacol. 2001;429:161-176.

39. Cassim B, Mody G, Bhoola KD. Kallikrein cascade and cytokines in inflamed joints. Pharmacol. Ther. 2002;94:1-34.

40. Meini S, Maggi CA. Knee osteoarthritis: a role for bradykinin? Inflamm. Res. 2008;57:351-361.

41. Cugno M, Salerno F, Mandelli M, Lorenzano E, Paonessa R, Agostoni A. Cleavage of high molecular weight kininogen in ascites and plasma of patients with cirrhosis. Thromb. Res. 1995;78:277-282.

42. Mansfield C. Pathophysiology of acute pancreatitis: potential application from experimental models and human medicine to dogs. J. Vet. Intern. Med. 2012;26:875-887.

43. Cruden NLM, Newby DE. Therapeutic potential of icatibant (HOE-140, JE-049). Expert Opin. Pharmacother. 2008;9:2383-2390.

44. Oschatz C, Maas C, Lecher B, Jansen T, Björkqvist J, Tradler T, et al. Mast cells increase vascular permeability by heparin-initiated bradykinin formation in vivo. Immunity 2011;34:258-268.

45. Kozik A, Moore RB, Potempa J, Imamura T, Rapala-Kozik M, Travis J. A novel mechanism for bradykinin production at inflammatory sites. Diverse effects of a mixture of neutrophil elastase and mast cell tryptase versus tissue and plasma kallikreins on native and oxidized kininogens. J. Biol. Chem. 1998;273:33224-33229.

46. Cohan VL, MacGlashan DW Jr, Warner JA, Lichtenstein LM, Proud D. Mechanisms of mediator release from human skin mast cells upon stimulation by the bradykinin analog, [DArg0-Hyp3-DPhe7]bradykinin. Biochem. Pharmacol. 1991;41:293-300.

47. Gulliver R, Baltic S, Misso NL, Bertram CM, Thompson PJ, Fogel-Petrovic M. Lys-des[Arg9]-bradykinin alters migration and production of interleukin-12 in monocyte-derived dendritic cells. Am. J. Respir. Cell Mol. Biol. 2011;45:542-549.

48. Böckmann S, Paegelow I. Kinins and kinin receptors: importance for the activation of leukocytes. J. Leukoc. Biol. 2000;68:587-592.

49. Sato E, Koyama S, Nomura H, Kubo K, Sekiguchi M. Bradykinin stimulates alveolar macrophages to release neutrophil, monocyte, and eosinophil chemotactic activity. J. Immunol. 1996;157:3122-3129.

50. Zinner SH, Margolius HS, Rosner B, Keiser HR, Kass EH. Familial aggregation of urinary kallikrein concentration in childhood: relation to blood pressure, race and urinary electrolytes. Am. J. Epidemiol. 1976;104:124-132.

51. Fox RH, Goldsmith R, Kidd DJ, Lewis GP. Bradykinin as a vasodilator in man. J. Physiol. 1961;157:589-602.

52. Marketou ME, Vardas PE. Bradykinin in the treatment of arterial hypertension: friend or foe? Hellenic J. Cardiol. 2012;53:91-94.

53. Linz W, Wiemer G, Gohlke P, Unger T, Schölkens BA. Contribution of kinins to the cardiovascular actions of angiotensin-converting enzyme inhibitors. Pharmacol. Rev. 1995;47:25-49.

54. Kayashima Y, Smithies O, Kakoki M. The kallikrein-kinin system and oxidative stress. Curr. Opin. Nephrol. Hypertens. 2012;21:92-96.

55. Regoli D, Plante GE, Gobeil F Jr. Impact of kinins in the treatment of cardiovascular diseases. Pharmacol. Ther. 2012;135:94-111.

56. Caen J, Wu Q. Hageman factor, platelets and polyphosphates: early history and recent connection. J. Thromb. Haemost. 2010;8:1670-1674.

57. Bradford HN, Dela Cadena RA, Kunapuli SP, Dong JF, López JA, Colman RW. Human kininogens regulate thrombin binding to platelets through the glycoprotein Ib-IX-V complex. Blood 1997;90:1508-1515.

58. Renné T, Schmaier AH, Nickel KF, Blombäck M, Maas C. In vivo roles of factor XII. Blood 2012;120:4296-4303.

59. Ratnoff OD, Colopy JE. A familial hemorrhagic trait associated with a deficiency of a clot-promoting fraction of plasma. J. Clin. Invest. 1955;34:602-613.

60. Saito H. Studies on Fletcher trait and Fitzgerald trait. A rare chance to disclose body's defense reactions against injury. Thromb. Haemost. 2010;104:867-874.

61. Sollo DG, Saleem A. Prekallikrein (Fletcher factor) deficiency. Ann. Clin. Lab. Sci. 1985;15:279-285.

62. Woodruff RS, Sullenger B, Becker RC. The many faces of the contact pathway and their role in thrombosis. J. Thromb. Thrombolysis 2011;32:9-20.

63. Goldsmith GH Jr, Saito H, Ratnoff OS. The activation of plasminogen by Hageman factor (Factor XII) and Hageman factor fragments. J. Clin. Invest. 1978;62:54-60.

64. Colman RW. Activation of plasminogen by human plasma kallikrein. Biochem. Biophys. Res. Commun. 1969;35:273-279.

65. Brown NJ, Gainer JV, Murphey LJ, Vaughan DE. Bradykinin stimulates tissue plasminogen activator release from human forearm vasculature through B2 receptor-dependent, NO synthase-independent, and cyclooxygenase-independent pathway. Circulation 2000;102:2190-2196.

66. Martins AH, Alves JM, Perez D, Carrasco M, Torres-Rivera W, Eterović VA, et al. Kinin-B2 receptor mediated neuroprotection after NMDA excitotoxicity is reversed in the presence of kinin-B1 receptor agonists. PLoS One 2012;7:e30755.

67. Duehrkop C, Rieben R. Ischemia/reperfusion injury: effect of simultaneous inhibition of plasma cascade systems versus specific complement inhibition. Biochem. Pharmacol. 2014;88:12-22.

68. Mazenot C, Loufrani L, Henrion D, Ribuot C, Muller-Esterl W, Godin-Ribuot D. Endothelial kinin B(1)-receptors are induced by myocardial ischaemia-reperfusion in the rabbit. J. Physiol. 2001;530:69-78.

69. Baxter GF, Ebrahim Z. Role of bradykinin in preconditioning and protection of the ischaemic myocardium. Br. J. Pharmacol. 2002;135:843-854.

70. Lagneux C, Bader M, Pesquero JB, Demenge P, Ribuot C. Detrimental implication of B1 receptors in myocardial ischemia: evidence from pharmacological blockade and gene knockout mice. Int. Immunopharmacol. 2002;2:815-822.

71. Danielisová V, Gottlieb M, Némethová M, Burda J. Effects of bradykinin postconditioning on endogenous antioxidant enzyme activity after transient forebrain ischemia in rat. Neurochem. Res. 2008;33:1057-1064.

72. Hellal F, Pruneau D, Palmier B, Faye P, Croci N, Plotkine M, et al. Detrimental role of bradykinin B2 receptor in a murine model of diffuse brain injury. J. Neurotrauma 2003;20:841-851.

73. Chiang WC, Chien CT, Lin WW, Lin SL, Chen YM, Lai CF, et al. Early activation of bradykinin B2 receptor aggravates reactive oxygen species generation and renal damage in ischemia/reperfusion injury. Free Radic. Biol. Med. 2006;41:1304-1314.

74. Souza DG, Pinho V, Pesquero JL, Lomez ES, Poole S, Juliano L, et al. Role of the bradykinin B2 receptor for the local and systemic inflammatory response that follows severe reperfusion injury. Br. J. Pharmacol. 2003;139:129-139.

75. Manolis AJ, Marketou ME, Gavras I, Gavras H. Cardioprotective properties of bradykinin: role of the B(2) receptor. Hypertens. Res. 2010;33:772-777.

76. Austinat M, Braeuninger S, Pesquero JB, Brede M, Bader M, Stoll G, et al. Blockade of bradykinin receptor B1 but not bradykinin receptor B2 provides protection from cerebral infarction and brain edema. Stroke 2009;40:285-293.

77. Kakoki M, Smithies O. The kallikrein-kinin system in health and in diseases of the kidney. Kidney Int. 2009;75:1019-1030.

78. Parenti A, Morbidelli L, Ledda F, Granger HJ, Ziche M. The bradykinin/B1 receptor promotes angiogenesis by up-regulation of endogenous FGF-2 in endothelium via the nitric oxide synthase pathway. FASEB J. 2001;15:1487-1489.

79. Yu H-S, Wang S-W, Chang A-C, Tai H-C, Yeh H-I, Lin Y-M, et al. Bradykinin promotes vascular endothelial growth factor expression and increases angiogenesis in human prostate cancer cells. Biochem. Pharmacol. 2014;87:243-253.

80. Colman RW, Wu Y, Liu Y. Mechanisms by which cleaved kininogen inhibits endothelial cell differentiation and signalling. Thromb. Haemost. 2010;104:875-885.

81. Proud D, Togias A, Naclerio RM, Crush SA, Norman PS, Lichtenstein LM. Kinins are generated in vivo following nasal airway challenge of allergic individuals with allergen. J. Clin. Invest. 1983;72:1678-1685.

82. Proud D, Kaplan AP. Kinin formation: mechanisms and role in inflammatory disorders. Annu. Rev. Immunol. 1988;6:49-83.

83. Marre M, Bernadet P, Gallois Y, Savagner F, Guyene TT, Hallab M, et al. Relationships between angiotensin I converting enzyme gene polymorphism, plasma levels, and diabetic retinal and renal complications. Diabetes 1994;43:384-388.

84. Maltais I, Bachvarova M, Maheux P, Perron P, Marceau F, Bachvarov D. Bradykinin B2 receptor gene polymorphism is associated with altered urinary albumin/creatinine values in diabetic patients. Can. J. Physiol. Pharmacol. 2002;80:323-327.

85. Zaika O, Mamenko M, O'Neil RG, Pochynyuk O. Bradykinin acutely inhibits activity of the epithelial Na+ channel in mammalian aldosterone-sensitive distal nephron. Am. J. Physiol. Renal Physiol. 2011;300:F1105-F1115.

86. Sivritas S-H, Ploth DW, Fitzgibbon WR. Blockade of renal medullary bradykinin B2 receptors increases tubular sodium reabsorption in rats fed a normal-salt diet. Am. J. Physiol. Renal Physiol. 2008;295:F811-F817.

87. Kashuba E, Bailey J, Allsup D, Cawkwell L. The kinin–kallikrein system: physiological roles, pathophysiology and its relationship to cancer biomarkers. Biomarkers 2013;18:279-296.

88. Wu J, Akaike T, Hayashida K, Miyamoto Y, Nakagawa T, Miyakawa K, et al. Identification of bradykinin receptors in clinical cancer specimens and murine tumor tissues. Int. J. Cancer J. Int. Cancer 2002;98:29-35.

89. Maeda H. Vascular permeability in cancer and infection as related to macromolecular drug delivery, with emphasis on the EPR effect for tumor-selective drug targeting. Proc. Jpn. Acad. Ser. B Phys. Biol. Sci. 2012;88:53-71.

90. Beck C, Piontek G, Haug A, Bas M, Knopf A, Stark T, et al. The kallikrein-kinin-system in head and neck squamous cell carcinoma (HNSCC) and its role in tumour survival, invasion, migration and response to radiotherapy. Oral Oncol. 2012;48:1208-1219.

91. Duka I, Shenouda S, Johns C, Kintsurashvili E, Gavras I, Gavras H. Role of the B2 Receptor of Bradykinin in Insulin Sensitivity. Hypertension 2001;38:1355-1360.

92. Henriksen EJ, Jacob S. Angiotensin converting enzyme inhibitors and modulation of skeletal muscle insulin resistance. Diabetes Obes. Metab. 2003;5:214-222.

93. Campbell DJ, Kelly DJ, Wilkinson-Berka JL, Cooper ME, Skinner SL. Increased bradykinin and « normal » angiotensin peptide levels in diabetic Sprague-Dawley and transgenic (mRen-2)27 rats. Kidney Int. 1999;56:211-221.

94. Catalioto R-M, Valenti C, Liverani L, Giuliani S, Maggi CA. Characterization of a novel proinflammatory effect mediated by BK and the kinin B_2 receptor in human preadipocytes. Biochem. Pharmacol. 2013;86:508-520.

95. Fonseca RG, Sales VM, Ropelle E, Barros CC, Oyama L, Ihara SSI, et al. Lack of kinin B1 receptor potentiates leptin action in the liver. J. Mol. Med. 2013;91:851-860.

96. Okada Y, Tuchiya Y, Yagyu M, Kozawa S, Kariya K. Synthesis of bradykinin fragments and their effect on pentobarbital sleeping time in mouse. Neuropharmacology 1977;16:381-383.

97. Kariya K, Yamauchi A. Effects of intraventricular injection of bradykinin on the EEG and the blood pressure in conscious rats. Neuropharmacology 1981;20:1221-1224.

98. Thornton E, Ziebell JM, Leonard AV, Vink R. Kinin receptor antagonists as potential neuroprotective agents in central nervous system injury. Molecules 2010;15:6598-6618.

99. Joseph K, Shibayama Y, Nakazawa Y, Peerschke EI, Ghebrehiwet B, Kaplan AP. Interaction of factor XII and high molecular weight kininogen with cytokeratin 1 and gC1qR of vascular endothelial cells and with aggregated Abeta protein of Alzheimer's disease. Immunopharmacology 1999;43:203-210.

100. Ashby EL, Love S, Kehoe PG. Assessment of activation of the plasma kallikrein-kinin system in frontal and temporal cortex in Alzheimer's disease and vascular dementia. Neurobiol. Aging 2012;33:1345-1355.

101. Whalley ET, Clegg S, Stewart JM, Vavrek RJ. The effect of kinin agonists and antagonists on the pain response of the human blister base. Naunyn. Schmiedebergs Arch. Pharmacol. 1987;336:652-655.

102. Ferreira J, Beirith A, Mori MAS, Araújo RC, Bader M, Pesquero JB, et al. Reduced nerve injury-induced neuropathic pain in kinin B1 receptor knock-out mice. J. Neurosci. 2005;25:2405-2412.

103. De Campos RO, Henriques MG, Calixto JB. Systemic treatment with Mycobacterium bovis bacillus Calmette-Guérin (BCG) potentiates kinin B1 receptor agonist-induced nociception and oedema formation in the formalin test in mice. Neuropeptides 1998;32:393-403.

104. Green PG, Luo J, Heller P, Levine JD. Modulation of bradykinin-induced plasma extravasation in the rat knee joint by sympathetic co-transmitters. Neuroscience 1993;52:451-458.

105. Walker K, Perkins M, Dray A. Kinins and kinin receptors in the nervous system. Neurochem. Int. 1995;26:1-16.

106. Defendi F, Charignon D, Ghannam A, Baroso R, Csopaki F, Allegret-Cadet M, et al. Enzymatic assays for the diagnosis of bradykinin-dependent angioedema. PloS One 2013;8:e70140.

107. Defendi F, Charignon D, Csopaki F, Ponard D, Drouet C. Actualités biologiques sur les angioedèmes à kinines. Rev. Francoph. Lab. 2012;2012:39-52.

108. López-Lera A, Garrido S, Roche O, López-Trascasa M. SERPING1 mutations in 59 families with hereditary angioedema. Mol. Immunol. 2011;49:18-27.

109. Bouillet-Claveyrolas L, Ponard D, Drouet C, Massot C. Clinical and biological distinctions between type I and type II acquired angioedema. Am. J. Med. 2003;115:420-421.

110. Duan QL, Nikpoor B, Dube M-P, Molinaro G, Meijer IA, Dion P, et al. A variant in XPNPEP2 is associated with angioedema induced by angiotensin I-converting enzyme inhibitors. Am. J. Hum. Genet. 2005;77:617-626.

111. Cao H, Hegele RA. DNA polymorphism and mutations in CPN1, including the genomic basis of carboxypeptidase N deficiency. J. Hum. Genet. 2003;48:20-22.

112. Roberts JR, Lee JJ, Marthers DA. Angiotensin-converting enzyme (ACE) inhibitor angioedema: the silent epidemic. Am. J. Cardiol. 2012;109:774-775.

113. Toh S RM. Comparative risk for angioedema associated with the use of drugs that target the renin-angiotensin-aldosterone system. Arch. Intern. Med. 2012;172:1582-1589.

114. Brown NJ, Byiers S, Carr D, Maldonado M, Warner BA. Dipeptidyl peptidase-IV inhibitor use associated with increased risk of ACE inhibitor-associated angioedema. Hypertension 2009;54:516-523.

115. Adam A, Cugno M, Molinaro G, Perez M, Lepage Y, Agostoni A. Aminopeptidase P in individuals with a history of angio-oedema on ACE inhibitors. Lancet 2002;359:2088-2089.

116. Ritchie BC. Protease inhibitors in the treatment of hereditary angioedema. Transfus. Apher. Sci. 2003;29:259-267.

117. Levi M, Choi G, Picavet C, Hack C. Self-administration of C1-inhibitor concentrate in patients with hereditary or acquired angioedema caused by C1-inhibitor deficiency. J. Allergy Clin. Immunol. 2006;117:904-908.

118. Regoli D, Barabé J, Park WK. Receptors for bradykinin in rabbit aortae. Can. J. Physiol. Pharmacol. 1977;55:855-867.

119. Rhaleb N, Telemaque S, Rouissi N, Dion S, Jukic D, Drapeau G, et al. Structure-activity studies of bradykinin and related peptides. B2- receptor antagonists. Hypertension 1991;17:107-115.

120. Sawutz DG, Salvino JM, Dolle RE, Casiano F, Ward SJ, Houck WT, et al. The nonpeptide WIN 64338 is a bradykinin B2 receptor antagonist. Proc. Natl. Acad. Sci. U. S. A. 1994;91:4693-4697.

121. Altamura M, Meini S, Quartara L, Maggi CA. Nonpeptide antagonists for kinin receptors. Regul. Pept. 1999;80:13-26.

122. Griesbacher T, Legat FJ. Effects of the non-peptide B2 receptor antagonist FR173657 in models of visceral and cutaneous inflammation. Inflamm. Res. 2000;49:535-540.

123. Marceau F, Levesque L, Drapeau G, Rioux F, Salvino JM, Wolfe HR, et al. Effects of peptide and nonpeptide antagonists of bradykinin B2 receptors on the venoconstrictor action of bradykinin. J. Pharmacol. Exp. Ther. 1994;269:1136-1143.

124. Pruneau D, Luccarini JM, Fouchet C, Defrêne E, Franck RM, Loillier B, et al. LF 16.0335, a novel potent and selective nonpeptide antagonist of the human bradykinin B2 receptor. Br. J. Pharmacol. 1998;125:365-372.

125. Pruneau D, Paquet JL, Luccarini JM, Defrêne E, Fouchet C, Franck RM, et al. Pharmacological profile of LF 16-0687, a new potent non-peptide bradykinin B2 receptor antagonist. Immunopharmacology 1999;43:187-194.

126. Marceau F, Fortin J-P, Morissette G, Dziadulewicz EK. A non-peptide antagonist unusually selective for the human form of the bradykinin B2 receptor. Int. Immunopharmacol. 2003;3:1529-1536.

127. Hock FJ, Wirth K, Albus U, Linz W, Gerhards HJ, Wiemer G, et al. Hoe 140 a new potent and long acting bradykinin-antagonist: in vitro studies. Br. J. Pharmacol. 1991;102:769-773.

128. Félétou M, Germain M, Thurieau C, Fauchère JL, Canet E. Agonistic and antagonistic properties of the bradykinin B2 receptor antagonist, Hoe 140, in isolated blood vessels from different species. Br. J. Pharmacol. 1994;112:683-689.

129. Jarnagin K, Bhakta S, Zuppan P, Yee C, Ho T, Phan T, et al. Mutations in the B2 bradykinin receptor reveal a different pattern of contacts for peptidic agonists and peptidic antagonists. J. Biol. Chem. 1996;271:28277-28286.

130. Rhaleb NE, Rouissi N, Jukic D, Regoli D, Henke S, Breipohl G, et al. Pharmacological characterization of a new highly potent B2 receptor antagonist (HOE 140: D-Arg-[Hyp3,Thi5,D-Tic7,Qic8]bradykinin). Eur. J. Pharmacol. 1992;210:115-120.

131. Lembeck F, Griesbacher T, Eckhardt M, Henke S, Breipohl G, Knolle J. New, long-acting, potent bradykinin antagonists. Br. J. Pharmacol. 1991;102:297-304.

132. Félétou M, Martin CAE, Molimard M, Naline E, Germain M, Thurieau C, et al. In vitro effects of HOE 140 in human bronchial and vascular tissue. Eur. J. Pharmacol. 1995;274:57-64.

133. Wirth K, Hock FJ, Albus U, Linz W, Alpermann HG, Anagnostopoulos H, et al. Hoe 140 a new potent and long acting bradykinin-antagonist: in vivo studies. Br. J. Pharmacol. 1991;102:774-777.

134. Damas J, Remacle-Volon G. Influence of a long-acting bradykinin antagonist, Hoe 140, on some acute inflammatory reactions in the rat. Eur. J. Pharmacol. 1992;211:81-86.

135. Sakamoto T, Elwood W, Barnes PJ, Chung KF. Effect of Hoe 140, a new bradykinin receptor antagonist, on bradykinin- and platelet-activating factor-induced bronchoconstriction and airway microvascular leakage in guinea pig. Eur. J. Pharmacol. 1992;213:367-373.

136. Wirth KJ, Gehring D, Scholkens BA. Effect of Hoe 140 on bradykinin-induced bronchoconstriction in anesthetized guinea pigs. Am J Respir Crit Care Med 1993;148:702-706.

137. Cockcroft JR, Chowienczyk PJ, Brett SE, Bender N, Ritter JM. Inhibition of bradykinin-induced vasodilation in human forearm vasculature by icatibant, a potent B2-receptor antagonist. Br. J. Clin. Pharmacol. 1994;38:317-321.

138. Squire IB, O'Kane KP, Anderson N, Reid JL. Bradykinin B(2) receptor antagonism attenuates blood pressure response to acute angiotensin-converting enzyme inhibition in normal men. Hypertension 2000;36:132-136.

139. Bork K, Frank J, Grundt B, Schlattmann P, Nussberger J, Kreuz W. Treatment of acute edema attacks in hereditary angioedema with a bradykinin receptor-2 antagonist (icatibant). J. Allergy Clin. Immunol. 2007;119:1497-1503.

140. Cicardi M, Banerji A, Bracho F, Malbrán A, Rosenkranz B, Riedl M, et al. Icatibant, a new bradykinin-receptor antagonist, in hereditary angioedema. N. Engl. J. Med. 2010;363:532-541.

141. Bowen T, Cicardi M, Farkas H, Bork K, Longhurst HJ, Zuraw B, et al. 2010 International consensus algorithm for the diagnosis, therapy and management of hereditary angioedema. Allergy Asthma Clin. Immunol. 2010;6:24.

142. Lumry WR, Li HH, Levy RJ, Potter PC, Farkas H, Moldovan D, et al. Randomized placebo-controlled trial of the bradykinin B2 receptor antagonist icatibant for the treatment of acute attacks of hereditary angioedema: the FAST-3 trial. Ann. Allergy. Asthma. Immunol. 2011;107:529-537.

143. Maurer M, Church MK. Inflammatory skin responses induced by icatibant injection are mast cell mediated and attenuated by H1-antihistamines. Exp. Dermatol. 2012;21:154-5.

144. Charmillon A, Deibener J, Kaminsky P, Louis G. Angioedema induced by angiotensin converting enzyme inhibitors, potentiated by m-TOR inhibitors: successful treatment with icatibant. Intensive Care Med. 2014;

145. Bouillet L, Boccon-Gibod I, Ponard D, Drouet C, Cesbron JY, Dumestre-Perard C, et al. Bradykinin receptor 2 antagonist (icatibant) for hereditary angioedema type III attacks. Ann. Allergy. Asthma. Immunol. 2009;103:448.

146. Bas M, Greve J, Stelter K, Bier H, Stark T, Hoffmann TK, et al. Therapeutic efficacy of icatibant in angioedema induced by angiotensin-converting enzyme inhibitors: a case series. Ann. Emerg. Med. 2010;56:278-282.

147. Marqués L, Domingo D, Maravall FJ, Clotet J. Short-term prophylactic treatment of hereditary angioedema with icatibant. Allergy 2010;65:137-138.

148. Senaratne K, Cottrell A, Prentice R. Successful perioperative management of a patient with C1 esterase inhibitor deficiency with a novel bradykinin receptor B2 antagonist. Anaesth. Intensive Care 2012;40:523-526.

149. Aberer W, Maurer M, Reshef A, Longhurst H, Kivity S, Bygum A, et al. Open-label, multicenter study of self-administered icatibant for attacks of hereditary angioedema. Allergy 2013;

150. Maurer M, Aberer W, Bouillet L, Caballero T, Fabien V, Kanny G, et al. Hereditary angioedema attacks resolve faster and are shorter after early icatibant treatment. PloS One 2013;8:e53773.

151. Cugno M, Nussberger J, Biglioli P, Giovagnoni MG, Gardinali M, Agostoni A. Cardiopulmonary bypass increases plasma bradykinin concentrations. Immunopharmacology 1999;43:145-147.

152. Balaguer JM, Yu C, Byrne JG, Ball SK, Petracek MR, Brown NJ, et al. Contribution of endogenous bradykinin to fibrinolysis, inflammation, and blood product transfusion following cardiac surgery: a randomized clinical trial. Clin. Pharmacol. Ther. 2013;93:326-334.

153. Pedersen CM, Schmidt MR, Barnes G, Bøtker HE, Kharbanda RK, Newby DE, et al. Bradykinin does not mediate remote ischaemic preconditioning or ischaemia-reperfusion injury in vivo in man. Heart Br. Card. Soc. 2011;97:1857-1861.

154. De Falco L, Fioravanti A, Galeazzi M, Tenti S. Bradykinin and its role in osteoarthritis. Reumatismo 2013;65:97-104.

155. Song IH, Althoff CE, Hermann KG, Scheel AK, Knetsch T, Burmester GR, et al. Contrast-enhanced ultrasound in monitoring the efficacy of a bradykinin receptor 2 antagonist in painful knee osteoarthritis compared with MRI. Ann. Rheum. Dis. 2009;68:75-83.

156. Proud D, Bathon JM, Togias AG, Naclerio RM. Inhibition of the response to nasal provocation with bradykinin by HOE-140: efficacy and duration of action. Can. J. Physiol. Pharmacol. 1995;73:820-826.

157. Austin CE, Foreman JC, Scadding GK. Reduction by Hoe 140, the B2 kinin receptor antagonist, of antigen-induced nasal blockage. Br. J. Pharmacol. 1994;111:969-971.

158. Turner P, Dear J, Scadding G, Foreman JC. Role of kinins in seasonal allergic rhinitis: icatibant, a bradykinin B2 receptor antagonist, abolishes the hyperresponsiveness and nasal eosinophilia induced by antigen. J. Allergy Clin. Immunol. 2001;107:105-113.

159. Rosenkranz B, Bork K, Frank J, Kreuz W, Dong L, Knolle J. Proof-of-concept study of icatibant (JE 049), a bradykinin B2 receptor antagonist in treatment of hereditary angioedema. Clin Pharmacol Ther 2005;77:14.

160. Akbary AM, Wirth KJ, Schölkens BA. Efficacy and tolerability of icatibant (Hoe 140) in patients with moderately severe chronic bronchial asthma. Immunopharmacology 1996;33:238-242.

161. Antonen J, Leppänen I, Tenhunen J, Arvola P, Mäkelä S, Vaheri A, et al. A severe case of Puumala hantavirus infection successfully treated with bradykinin receptor antagonist icatibant. Scand. J. Infect. Dis. 2013;45:494-496.

162. Nagao Y, Harada H, Yamanaka H, Fukuda K. Possible mediators for systemic capillary leak syndrome. Am. J. Med. 2011;124:e7-9.

163. Levy D, Zochodne DW. Increased mRNA expression of the B1 and B2 bradykinin receptors and antinociceptive effects of their antagonists in an animal model of neuropathic pain. Pain 2000;86:265-271.

164. Prediger RDS, Medeiros R, Pandolfo P, Duarte FS, Passos GF, Pesquero JB, et al. Genetic deletion or antagonism of kinin B(1) and B(2) receptors improves cognitive deficits in a mouse model of Alzheimer's disease. Neuroscience 2008;151:631-643.

165. Fein AM, Bernard GR, Criner GJ, Fletcher EC, Good JT Jr, Knaus WA, et al. Treatment of severe systemic inflammatory response syndrome and sepsis with a novel bradykinin antagonist, deltibant (CP-0127). Results of a randomized,

double-blind, placebo-controlled trial. CP-0127 SIRS and Sepsis Study Group. JAMA 1997;277:482-487.

166. Shaw OM, Harper JL. Bradykinin receptor 2 extends inflammatory cell recruitment in a model of acute gouty arthritis. Biochem. Biophys. Res. Commun. 2011;416:266-269.

167. Griesbacher T, Rainer I, Evans DM. Inhibition of kinin action and kinin generation compared to dexamethasone pretreatment with respect to vascular effects and pancreatic enzymes in experimental acute pancreatitis. Immunopharmacology 1999;43:219-224.

168. Stewart JM. Bradykinin antagonists: development and applications. Biopolymers 1995;37:143-155.

169. Bossi F, Fischetti F, Regoli D, Durigutto P, Frossi B, Gobeil F, et al. Novel pathogenic mechanism and therapeutic approaches to angioedema associated with C1 inhibitor deficiency. J. Allergy Clin. Immunol. 2009;124:1303-1310.

170. Greve J, Hoffmann TK, Schuler P, Lang S, Chaker A, Bas M. Successful long-term treatment with the bradykinin B2 receptor antagonist icatibant in a patient with hereditary angioedema. Int. J. Dermatol. 2011;50:1294-1295.

171. Bossi F, Fischetti F, Pellis V, Bulla R, Ferrero E, Mollnes TE, et al. Platelet-activating factor and kinin-dependent vascular leakage as a novel functional activity of the soluble terminal complement complex. J. Immunol. 2004;173:6921-6927.

172. Bouïs D, Hospers GA, Meijer C, Molema G, Mulder NH. Endothelium in vitro: a review of human vascular endothelial cell lines for blood vessel-related research. Angiogenesis 2001;4:91-102.

173. Brechter AB, Persson E, Lundgren I, Lerner UH. Kinin B1 and B2 receptor expression in osteoblasts and fibroblasts is enhanced by interleukin-1 and tumour necrosis factor-α. Effects dependent on activation of NF-κB and MAP kinases. Bone 2008;43:72-83.

Annexes

Charignon D, Späth P, Martin L, Drouet C. Icatibant, the bradykinin B2 receptor antagonist with target to the interconnected kinin systems. Expert Opin. Pharmacother. 2012;13:2233-47.

Oui, je veux morebooks!

i want morebooks!

Buy your books fast and straightforward online - at one of the world's fastest growing online book stores! Environmentally sound due to Print-on-Demand technologies.

Buy your books online at
www.get-morebooks.com

Achetez vos livres en ligne, vite et bien, sur l'une des librairies en ligne les plus performantes au monde!
En protégeant nos ressources et notre environnement grâce à l'impression à la demande.

La librairie en ligne pour acheter plus vite
www.morebooks.fr

OmniScriptum Marketing DEU GmbH
Heinrich-Böcking-Str. 6-8
D - 66121 Saarbrücken
Telefax: +49 681 93 81 567-9

info@omniscriptum.de
www.omniscriptum.de

Printed by Books on Demand GmbH, Norderstedt / Germany